飯縄山登山道 植物ふしぎウオッチング Ⅱ

市川伸人　美智子

信濃毎日新聞社

はじめに

山を歩いていると、すがすがしい気持ちになる。
山を歩いていると、小さな命に感動する。
山を歩いていると、虫や小動物たちに出会う。
山を歩いていると、小鳥のうたが聞こえてくる。
山を歩いていると、花に出会える。時に1本で、時には数本で、
また群生で。こんなところにいたの？と、思わず声をかけたく
なる瞬間。

　こうした私たちの自然との出会いを本にまとめました。

前著『飯縄山登山道 植物ふしぎウオッチング』は、飯縄山の
南登山道に生育する草本植物を主として掲載しました。続編
となる本著は、前著でも取り上げた一の鳥居苑地と飯縄山南
登山道で出版後に出会った植物、西登山道、瑪瑙山から飯縄
山頂へと通ずる登山道、霊仙寺山登山道、大谷地湿原、飯綱
高原（主に南麓）で見られる草本、それぞれの登山道で見られ
るカエデ、またいく種かの木本です。本著では、前著で掲載
した植物は載せてありません。それぞれの登山道には、南登
山道で見られた植物のほかにも、たくさんの植物が生育して
います。植生の違いも見られます。前著と併せてお読みいた
だければ幸いです。

もくじ

はじめに……………… 1　　登山道の植物……… 15
飯縄山植物map…… 2　　索引………………293
用語解説…………10　　あとがき…………297

P105	P89	P59	P15	P187	P157	P171	P259
▼	▼	▼	▼	▼	▼	▼	▼
瑪瑙山登山道	西登山道	南登山道	一の鳥居苑地	大谷地湿原	霊仙寺山登山道	飯縄山登山道のカエデ	飯綱高原

1. 一の鳥居苑地の植物……15

瑪瑙山登山道	西登山道	南登山道	一の鳥居苑地	大谷地湿原	霊仙寺山登山道

シュンラン……16　　ツルウメモドキ……17　　メドハギ……18　　ハイメドハギ……19　　ヤハズソウ……20

シラヤマギク……21　　オミナエシ……22　　スイカズラ……24　　ワニグチソウ……25　　ヒメハギ……26

オケラ……27　　キキョウ……28　　サワオトギリ……29　　クモキリソウ……30　　ミツバアケビ……31

ヌマトラノオ……32　　クマヤナギ……33　　ヌスビトハギ……34　　オオヤマフスマ……35　　トリアシショウマ……36

ヒメキンミズヒキ……37　　アオスズラン……38　　クララ……39　　オオチドメ……40　　ニガナ……41

スミレ……42　ムラサキシキブ……44　ヒヨドリバナ……45　ツルアジサイ……46　イワガラミ……47
ゲンノショウコ……48　イヌトウバナ……50　モミジイチゴ……51　オオバボダイジュ……52　イケマ……53
ヤブマメ……54　アリノトウグサ……55　タンナサワフタギ……56　サワフタギ……57　ヤマナシ……58

Column コラム　ロゼット……23　タネのできるまで……49
　　　　　　　　花と昆虫……43

2. 南登山道の植物……59

| 瑪瑙山登山道 | 西登山道 | **南登山道** | 一の鳥居苑地 | 大谷地湿原 | 霊仙寺山登山道 |

オニノヤガラ……60　ボタンヅル……61　ヒトツボクロ……62　ママコノシリヌグイ……63　ウシタキソウ……64
カラハナソウ……65　ホソバノツルリンドウ……66　ノイバラ……67　オオニワトコ……68　ナワシロイチゴ……69
オニグルミ……70　シロヨメナ……72　ツクバネウツギ……73　サワギク……74　リョウブ……76
ミヤマイボタ……77　タニタデ……78　クマイチゴ……79　コケイラン……80　クロイチゴ……81
トウグミ……82　マタタビ……83　コメガヤ……84　クロヅル……86　ヒロハノツリバナ……87

Column コラム
オニグルミの堅果……71
キク科の花……75
山頂付近の鳥たち……85

ツルツゲ……88

3. 西登山道の植物……89

| 瑪瑙山登山道 | **西登山道** | 南登山道 | 一の鳥居苑地 | 大谷地湿原 | 雲仙寺山登山道 |

キブシ……90　トチノキ……91　チシマザサ……92　ヒメアオキ……94　ツルシキミ……95

エゾユズリハ……96　ホソバトウゲシバ……98　ホオノキ……99　シロバナニガナ……100　ウラジロヨウラク……102

Column コラム
森の空気……93
常緑広葉樹……97
タネはだれに運ばれるの？……101

チョウセンカワラマツバ……103　ナギナタコウジュ……104

4. 瑪瑙山(めのう)登山道の植物……105

| **瑪瑙山登山道** | 西登山道 | 南登山道 | 一の鳥居苑地 | 大谷地湿原 | 雲仙寺山登山道 |

ノアザミ……106　アズマギク……107　タチコゴメグサ……108　ヒロハハナヤスリ……109　キハダ……110

ヒメジソ……112　ウワミズザクラ……113　シナノキ……114　コシアブラ……115　ブナ……116

カリガネソウ……118　ミヤマスミレ……119　ミヤマタビ……120　エゾアジサイ……121　ウド……122

ヒメヨモギ……123　シモツケ……124　ルイヨウボタン……126　キクザキイチゲ……127　ヤマエンゴサク……128

5

サワハコベ……129　スミレサイシン……130　ヤマクワガタ……131　サンカヨウ……132　ミヤマタニタデ……133

エゾノヨツバムグラ……134　ノダケ……135　チダケサシ……136　ギョウジャニンニク……137　オタカラコウ……138

ハクサンシャクナゲ……139　キンバイソウ……140　ズダヤクシュ……142　オククルマムグラ……143　アカミノイヌツゲ……144

エゾシロネ……146　マンネンスギ……147　ハナヒリノキ……148　エゾヒカゲノカズラ……150　シラタマノキ……151

アカモノ……152　トガクシコゴメグサ……153　フクオウソウ……154　イワキンバイ……155

Column　コラム

コテングクワガタ……111
ブナ……117
雄性先熟と雌性先熟……125
ヤマブドウ……141

こんなところにも植物が……145
反り返る花冠……149
ノアザミの花粉……156

5. 霊仙寺山登山道の植物……157

瑪瑙山登山道　西登山道　南登山道　一の鳥居苑地　大谷地湿原　**霊仙寺山登山道**

ヤマブキ……158　ウマノミツバ……159　ウワバミソウ……160　トチバニンジン……161　ユキツバキ……162

タムシバ……164　ヤマボウシ……165　アスヒカズラ……166　オオバツツジ……167　ヤマトキソウ……168

6

コメツガ……169

ホソバノキソチドリ……170

Column コラム

雪の中の春……163

6. 飯縄山登山道のカエデ……171

| 瑪瑙山登山道 | 西登山道 | 南登山道 | 一の鳥居苑地 | 大谷地湿原 | 霊仙寺山登山道 |

カラコギカエデ……172　ヤマモミジ……173　ヒトツバカエデ……174　ウリハダカエデ……175　ウラゲエンコウカエデ……176

アカイタヤ……178　アサノハカエデ……179　オガラバナ……180　コハウチワカエデ……181　ハウチワカエデ……182

ミネカエデ……184　コミネカエデ……186

Column コラム

イタヤカエデ……177
かえで……183
オオバミネカエデについて……185

7. 大谷地湿原の植物……187

| 瑪瑙山登山道 | 西登山道 | 南登山道 | 一の鳥居苑地 | **大谷地湿原** | 霊仙寺山登山道 |

ヨシ……188　ツルボ……190　イヌゴマ……191　ハッカ……192　セリ……193

エゾミソハギ……194　ガマ……195　アカバナ……196　ウナギツカミ……197　ミズタマソウ……198

ヒオウギアヤメ……199　ヤチアザミ……200　タチアザミ……201　サワヒヨドリ……202　クサフジ……203

タケニグサ……204　ミヤマウグイスカグラ……205　ミゾソバ……206　ネコノメソウ……207　アケボノシュスラン……208

7

Column コラム	ヨシの湿原……189 ラン科の花……209 春植物……229	ウバユリの種子……233 大谷地湿原の花……241 昆虫と花粉・蜜……247

8. 飯綱高原の植物……259

| 瑪瑙山登山道 | 西登山道 | 南登山道 | 一の鳥居苑地 | 大谷地湿原 | 霊仙寺山登山道 |

オクチョウジザクラ……260　オドリコソウ……261　ツルアリドオシ……262　フジ……263　サクラスミレ……264

エゾノタチツボスミレ……265　ツガザクラ……266　エビネ……267　ベニバナヤマシャクヤク……268　ハンショウヅル……269

エビガライチゴ……270　サルナシ……271　バライチゴ……272　クサレダマ……274　ヒメザゼンソウ……275

ミズオトギリ……276　チゴザサ……277　ヤマユリ……278　サワギキョウ……279　クサギ……280

カキラン……282　ニガクサ……283　カワミドリ……284　シロウマレイジンソウ……285　イヌコウジュ……286

アカソ……287　オオニガナ……288　サワアザミ……289　ナガミノツルケマン……290　シシガシラ……291

Column コラム	飯縄山登山道の鳥たち……273 クサギのおしべとめしべ……281 飯縄山の花……292

〈用語の解説〉

花のつくり

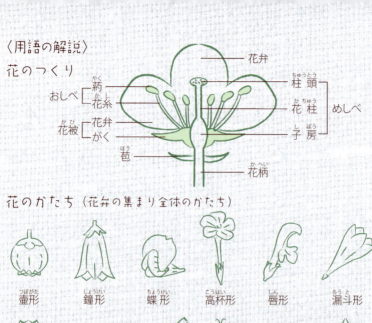

花のかたち（花弁の集まり全体のかたち）

壺形　鐘形　蝶形　高杯形　唇形　漏斗形

筒形　頭花　舌状花　筒状花　スミレ形　ラン形

花序（花が茎につく状態）

穂状　総状　散房　散形　複散形

円錐　肉穂　頭状　尾状

葉のつき方

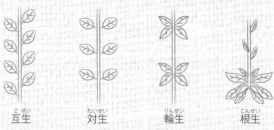

互生　　対生　　輪生　　根生

複葉のかたち（小葉の集合で全体が1つの葉）

小葉

3出　　2回3出　　3回3出　　鳥足状　　掌状

偶数羽状　　奇数羽状　　2回奇数羽状　　3回奇数羽状

葉のかたち

線形　　狭卵形（披針形）　　倒狭卵形（倒披針形）　　楕円形　　卵形　　倒卵形

へら形　　円形　　扁円形　　腎形

葉縁のかたち

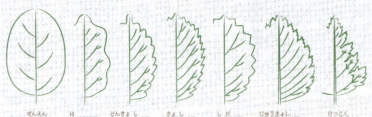

全縁（ぜんえん）　波状縁（はじょうえん）　鈍鋸歯縁（どんきょしえん）　鋸歯縁（きょしえん）　歯牙縁（しがえん）　重鋸歯縁（じゅうきょしえん）　欠刻（けっこく）

果実

痩果（そう）

蒴果（さく）

穎果（えい）

豆果（節果）（とう・せつ）

袋果（たい）

蓋果（がい）　　長角果（ちょうかく）

液果（えき）

核果（かく）

分離果

翼果（よく）　　堅果（けん）

球果

キイチゴ状果

イチゴ状果

中軸　羽軸　小羽片　葉柄　羽片　鱗片　シダの葉

この本の見方について若干説明します。

飯縄山は山頂1917m、垂直的な植生分布は亜高山帯に相当します。飯縄山は日本海気候の影響下にあり冬季の深雪が大きな特徴です。飯縄山登山道、瑪瑙山登山道、霊仙寺山登山道の植物はこうした風土にはぐくまれ生育しているのです。

◆ 本書は、飯縄山を訪れ、植物に出会ったときに、それがどんな名前の植物かを特定するために役立てていただければと思います。記述内容は専門的な用語もたくさん使っていますが、一度覚えれば植物観察の幅が広がります。10ページからの図解による「用語の解説」も参考にしながら読み進めてください。

◆ 草本は在来種の野生植物で花の咲いている植物、木本は花が咲いていたり目についたりした低木や小高木、高木を載せました。長野市街地で普通に見られる植物は載せてありません。

◆ 生育場所は、一連の山をシルエット化したイラストに、該当登山道の文字を色づけして表しています。

◆ 植物の記載順は、それぞれの登山道で最初に出合った場所、またはその種がたくさん生育している場所です。飯綱高原の植物は、ほぼ花期順に記載しました。

◆ ★は、掲載の植物についての一般的な生育場所を表しています。参考文献を基に記載してあります。

◆ ★の下は花期です。花期については、『長野県植物誌』を主に、後述の参考文献を参考にしました。場所によって季節のずれがあったり、気象や生育場所の状況によっても変化しますので、大体の目安として理解してください。

◆ 分類体系の科・学名については『改訂新版 日本の野生植物』、シダ植物は主に『長野県植物誌』に拠ります。

◆ データの最後に記載されている撮影年月日は、下段の大枠記載の植物の撮影年月日です。

◆ 各植物の同定識別と植物の特徴は私たちの観察をもとに参考文献と参照しつつ行いましたが、間違いなどお気づきのことがありましたらご教示ください。

1
一の鳥居苑地の植物
いち　とり い えんち

　飯綱高原の一の鳥居苑地。飯縄山南登山道の出発地。ここには草原に見られる植物から飯縄山山頂付近で見られる植物まで、多種多様な植物が春から秋まで生育し、私たちの目を楽しませてくれます。春から初夏にかけてはフデリンドウやチゴユリ、ベニバナイチヤクソウたち。夏のころにはウメガサソウやイブキジャコウソウ、ユウスゲたち。秋にはマツムシソウやアキノキリンソウ、マルバハギたち。昆虫や小鳥、リスたちも生息しています。ここ一の鳥居苑地は自然の宝庫なのです。

緑黄色の花

シュンラン 〔ラン科〕
常緑の多年草

Cymbidium goeringii

瑪瑙山登山道　西登山道　**南登山道**　一の鳥居苑地　大谷地湿原　霊仙寺山登山道
★低山帯の乾いた落葉樹林内

| 3 | 4 | 5 | 6 | 7 | 8 | 9 | 10 | 11 | 12月 |

春の日を浴びて急斜面に生育していました。ひとかたまりの株に、10個の花が細長い緑葉に隠れるように咲いていました。緑黄色や淡黄緑色の花は、ふつう茎の先に1個（まれに2個）つきます。上と左右に開いた外側の3個は萼片です。その内側で"蕊柱"を囲むように側花弁2個が寄り添い、白色に濃い紅紫色の斑点がある唇弁は先が舌状で反曲します。

蕊柱と唇弁

> 唇弁の模様は花ごとに違うの？

Data ●花：緑黄色／萼片は倒披針形　鈍頭／側花弁は萼片と同形でやや短い／苞は披針形　●葉：線形／束生／鋭尖頭／縁に微鋸歯がある　●花茎：10-25ｾﾝﾁ／数個の膜質鞘状葉に包まれる　※蕊柱：おしべがめしべと合着して1個の柱状体を形成したもの　撮影：2015年4月28日

橙赤色の仮種皮

ツルウメモドキ〔ニシキギ科〕
雌雄異株 落葉つる性木本

Celastrus orbiculatus var. orbiculatus

瑪瑙山登山道　西登山道　**南登山道**　**一の鳥居苑地**　大谷地湿原　霊仙寺山登山道
★山野

　　　3　4　5　6　7　8　9　10　11　12月

秋に径7－8㍉の球形の果実をつけます。蒴果です。はじめ黄緑色の蒴果はだんだんと黄－橙色になり、熟してくると3裂して中からは目にも鮮やかな朱－赤色の仮種皮が顔を出します。木々が葉を落とした時期に、ひときわ目を引きます。仮種皮の中に種子が入っていて、これに惹かれて訪れた鳥に食べられることによって、種子が散布されます。

雌花　（上○写真は雄花）

実は
黄緑→黄→橙赤と、
楽しめる！

Data ●花：淡緑色／集散状花序／花弁・萼片は5個／雄花のおしべ5個／雌花のめしべは柱頭が3裂する　●葉：楕円形・倒卵円形／互生／不ぞろいの波状の細鋸歯
※仮種皮：種子の表面を覆う付属物　撮影：2013年11月14日

17

立ち上がる茎
メドハギ〔マメ科〕多年草

Lespedeza cuneata var. cuneata

瑪瑙山登山道　西登山道　南登山道　**一の鳥居苑地**　大谷地湿原　霊仙寺山登山道
★平地～低山帯の日当たりのよい草地など

```
   3   4   5   6   7   8   9   10   11   12月
```

茎は立ち上がります。花は葉腋（ようえき）に2－4個ほどが集まってつきます。花のかたちは蝶形で、旗弁・翼弁・竜骨弁（りゅうこつ）からなります。旗弁の中央に紅紫色の斑点があります。果実の豆果は扁平な卵形で、圧毛を散生します。和名は目処萩（めどぎ）の意味で、筮萩が省略されたものであるとのこと。本種の茎をとって占いの筮竹（ぜいちく）の代用品として用いたといいます。

蝶形花

たおれそうで、たおれない。

白色に薄紫がにじむつぼみ

Data ●花：淡黄色－白色／萼は5深裂　●葉：3小葉／頂小葉は他の小葉よりやや大きく狭倒卵形－線形　円頭・やや凹頭／葉は密につく／裏面に毛／互生　●茎：60-100㌢／よく枝分かれする　撮影：2016年8月31日

地をはう茎

ハイメドハギ 〔マメ科〕多年草

Lespedeza cuneata var. serpens

瑪瑙山登山道　西登山道　南登山道　**一の鳥居苑地**　大谷地湿原　霊仙寺山登山道
★日当たりのよい草地など

```
    3   4   5   6   7   8   9   10  11  12月
    ↓   ↓   ↓   ↓   ↓━━━━━━━━━↓   ↓   ↓
```

一の鳥居苑地では広場や土手、芝の中に群生しています。メドハギ（18頁）に似ていますが、茎は直立せず倒伏して地面をはいます。花も蝶形ですが、メドハギより旗弁の紫斑が広く、目立ちます。竜骨弁の先は濃い紫色で、つぼみも紫色でした。また、観察した小葉はメドハギよりやや短かったです。枝の上部の毛を見ると開出していました。

花冠から出るめしべとおしべ

踏まれても元気、元気！ハイメドハギ。

紫色のつぼみ

 Data ●花：濃紫色／旗弁がやや幅が広い　●葉：3小葉／多くは頂小葉が倒卵形でやや切形状に基部へ狭まる　長さは15㍉以下／互生　撮影：2016年8月21日

分枝しない側脈
ヤハズソウ 〔マメ科〕一年草
Kummerowia striata

瑪瑙山登山道　西登山道　南登山道　**一の鳥居苑地**　大谷地湿原　霊仙寺山登山道
★日当たりのよい原野・川原・道ばた

　　3　　4　　5　　6　　7　　8　　9　　10　　11　　12月

葉は3小葉からなる複葉です。小葉は長楕円形で、表面の側脈は分枝せずに達します。花のかたちは蝶形で、旗弁（淡紅紫色で紅紫色の筋模様がつく）、翼弁（白色）、竜骨弁（白色で内側の先が茶色）からなります。果実は扁平で先端が尖り、萼よりわずかに長いです。和名は"矢筈草"。葉先をつまむと矢筈のような形に切り取れるためであるといいます。

蝶形花

葉っぱの先を
ひっぱると
なるほど…

切り取った小葉

根

Data ●花：帯紅紫色／萼は5裂　まばらに伏毛　●葉：3小葉／鈍頭またはやや鋭頭／互生／托葉は薄い膜状で淡褐色／全縁　●茎：15-40㎝／下向きの毛がある　撮影：2016年8月21日

下部の葉は卵心形
シラヤマギク〔キク科〕多年草

Aster scaber

瑪瑙山登山道　西登山道　南登山道　**一の鳥居苑地**　大谷地湿原　霊仙寺山登山道

★疎林内・林縁・草地

　　3　4　5　6　7　8　9　10　11　12月

頭花はゆるい散房状に多数つきます。花冠をつくる回りの白い舌状花は、花どうしにすき間があり、つき方も均等でなく不ぞろいな感じです。真ん中の黄色い部分は筒状花です。葉を見ると、下部の葉身は卵心形で、茎の下部につくものほど大きく、葉柄も長くなります。上部にいくにつれて葉は小さく、葉柄も短くなります。果実は痩果で冠毛があります。

舌状花（白色）　筒状花（黄色）

大きい葉は大人の掌くらいのものもあるよ！

下部の葉

Data ●花：舌状花（白色）筒状花（黄色）　●葉：根出葉は卵心形　長柄がある／茎の下部の葉は卵心形　歯牙縁　短毛がありざらつく／茎の上部の葉は長卵形・披針形／互生　●茎：100-150㌢　撮影：2012年9月8日

21

多数の黄小花

オミナエシ 〔スイカズラ科〕別名オミナメシ　アワバナ　多年草

Patrinia scabiosifolia

瑠璃山登山道　西登山道　南登山道　**一の鳥居苑地**　大谷地湿原　霊仙寺山登山道

★日当りのよい山の草地

```
  3   4   5   6   7   8   9   10  11  12月
  |   |   |   |   |   |   |   |   |   |
                  ▓▓▓▓▓▓▓▓▓▓▓
```

花茎は上部でよく分枝し、多数の黄色い小花をつけた集散花序です。秋の七草の一つです。万葉集に二首。

…秋の野に咲きたる花を指折りかき数ふれば七種の花
　萩の花尾花葛花なでしこが花をみなへしまた藤袴朝顔が花（山上憶良）…

一の鳥居苑地はオトコエシの生育が多い中、オミナエシも高所斜面のあちこちに少しずつ増えてきています。

花序

黄花は
オミナエシ、
白花は
オトコエシ。

オトコエシ

Data ●花：黄色／花冠は5裂／おしべ4個　花柱1個　子房は下位　●葉：頭大羽状に深く裂する／対生　●茎：60-100㌢／地下茎は横にはい、新苗は株の側にできる
撮影：2012年9月1日

コラム〈ロゼット〉

　2016年1月5日、雪の一の鳥居苑地。部分的に地面がのぞいています。その地面に緑の葉が。ウツボグサです。

　地面に張り付くように出た葉。円座形に広がっています。その様子はどことなくバラの花に似ています。ウツボグサがロゼットになって生育していたのです。飯縄山南登山道入り口まで歩くと、ノハラアザミやシナノタンポポもロゼットになって生育していました。

　ロゼットとは、植物の根出葉が地面に水平放射状に出て、全体が円座形をなしたもの。ロゼットには、タンポポのように一年中ロゼットの形で生育するものと、ノハラアザミのように冬期にロゼットになって生育し、春暖かくなったら根出葉の中から茎を伸ばして生育するものがあります。

　冬期、植物にとって根出葉がロゼットになって生育することのメリットはなんでしょう。

　積雪のないところのロゼット植物。葉を地面に張り付けるようにしながらも、広がって円座形をつくるのは、できるかぎり太陽の光を受け大地のぬくもりを利用する適応の姿なのです。これによって光合成ができる可能性もあるのではないかと思われます。わずかでも光合成が可能になれば冬の間でも栄養を蓄え、暖かくなった春、他の植物に先がけ生長することができます。葉を地面にぴったりと張り付けるようにしていれば風に痛めつけられることもないでしょう。

　一の鳥居苑地のように積雪の多いところでは、積雪がロゼット葉を寒さから守ってくれて凍ったり乾燥したりすることはありません。雪が解けたらいち早く太陽の光を受けとめて、ロゼット植物は生長していくことができるのです。

　ロゼットの語源はバラ、Roseからきているとのこと。一の鳥居苑地にもロゼット植物がいろいろなバラ模様を見せてくれています。

ノハラアザミ

センボンヤリ

シナノタンポポ

花は白から黄色に

スイカズラ 〔スイカズラ科〕別名ニンドウ
木質のつる植物

Lonicera japonica var. japonica

瑪瑙山登山道　西登山道　南登山道　**一の鳥居苑地**　大谷地湿原　雲仙寺山登山道
★低地～山地

3　4　5　6　7　8　9　10　11　12月

花は葉の腋に2個並んで咲きます。はじめは白色、ときに淡紅色を帯び、のちに黄色となります。よい香りがします。花冠は2唇形。筒部は細く、上唇は4裂、下唇は広線形で垂れ下がります。果実は液果で9月から12月に黒熟し、球形で光沢があります。苑地では12月にも緑葉が見られ、3月下旬に新葉が出ていました。

白色と黄色の花

なんともいい香り。

新葉

果実

Data 花：萼裂片はごく短い／おしべ5個　超出する／花柱1個／花の下に葉状の苞が1対　卵形　葉：卵形－長楕円形／対生／円頭－やや鋭頭／葉柄がある／全縁　枝：若枝には毛が生え、ときに短腺毛が混じる　撮影：2016年6月24日

花を包む2個の苞

ワニグチソウ〔クサスギカズラ科〕多年草

Polygonatum involucratum

瑪瑙山登山道　西登山道　南登山道　**一の鳥居苑地**　大谷地湿原　霊仙寺山登山道

★低山帯の林床

　　　3　　4　　5　　6　　7　　8　　9　　10　　11　　12月

葉腋から下垂する花序柄の先に、ふつう2個の苞がついています。苞は草質で卵形から広卵形。この2個の苞に包まれて短い花柄をもつ花が2個、垂れ下がっています。花はつぼ状筒形。白色で先端部は緑色を帯び、裂片は反曲します。液果は球状で黒紫色に熟します。和名は"鰐口草"で、2個の苞のある形が神社の社殿の軒下につるされている鰐口に似ていることによるそうです。

苞に包まれた花冠

2個の苞が花を守っている！

果実

Data ●花：白色／おしべ6個／苞は長さ15-35㍉　平滑／花柄は長さ2-4㍉　●葉：長楕円形−広卵形／裏面はふつう多少とも帯白色／互生　●茎：15-45㌢／下部は円柱形　上部で弓状に曲る／稜角が出る　撮影：2016年6月15日

25

花弁に房状の付属体

ヒメハギ 〔ヒメハギ科〕
常緑の多年草

Polygala japonica

瑪瑙山登山道　西登山道　南登山道　**一の鳥居苑地**　大谷地湿原　霊仙寺山登山道
★丘陵帯～低山帯の日当たりのよい地

```
  3   4   5   6   7   8   9   10   11   12月
```

特徴ある花です。5個の萼片のうち側萼片2個がやや花弁状になっています。この紅紫色の萼片は花が終わると緑色に変わります。他の萼片3個は側萼片より小さいです。花弁は3個、基部は合着し、下側の1個は先端に白色で房状の付属体があります。蒴果は宿存する萼に挟まれ、扁平な心円形で両側に翼があります。中に楕円形、黒褐色の種子が2個入っています。

白色房状の付属体がわずかに見える

> 観察した花はどれも開ききらなかったよ。

宿存萼に挟まれた果実

Data ●花：紫色・紅紫色／まばらな総状花序／おしべ8個　花糸は合着する　葯は黄色／側萼片は卵形・楕円形　他の3萼片は狭卵形　●葉：卵形・楕円形・広披針形／互生　●茎：かたい　基部は分枝して地をはい上部は斜上して高さ10-30㌢になる／曲がった毛がある　撮影：2016年7月10日

魚の骨のような苞葉

オケラ〔キク科〕
多年草　雌雄異株

Atractylodes ovata

瑪瑙山登山道　西登山道　南登山道　**一の鳥居苑地**　大谷地湿原　霊仙寺山登山道

★やや乾いた林内・林縁

3　4　5　6　7　8　9　10　11　12月

総苞の基部を見ると、羽状に全裂して魚の骨のようなかたちをした苞葉が、総苞を包むようにとり巻いています。特異な苞葉がなぜあるのか不思議です。苞葉は2列(小さい総苞では1列)で、基部には切れ込みのない細長で小さめの葉が数枚ついています。観察した頭花は径15－20㍉、花は筒状花で先は5裂しています。果実は痩果。冠毛は褐色を帯びます。

羽状全裂する苞葉

苞葉が刺さったら大変！

雄性小花

痩果

Data ●花：白色－淡紅紫色／総苞は鐘形　●葉：下部の茎葉は硬質　倒卵形　羽状に3－5深裂／茎上部などに切れ込まないものもある／互生／縁にとげに終わる鋸歯がある　●茎：30-100㌢　※総苞：花序軸上の苞が集まって花序全体の基部を包むもの。キク科植物の頭状花序などに見られる　撮影：2012年9月8日

おしべが先に熟す

キキョウ 〔キキョウ科〕多年草

Plantycodon grandiflorus

瑪瑙山登山道　西登山道　南登山道　**一の鳥居苑地**　大谷地湿原　霊仙寺山登山道
★低山帯の日当たりのよい草地など

3　4　5　6　7　8　9　10　11　12月

つぼみの状態では花冠は紙風船のようで、ぴったりと閉じています。つぼみが徐々に薄緑から青紫色に変わり、美しい花が咲きます。おしべがめしべより先に熟します。おしべから花粉が出るときに、めしべの柱頭は閉じている雄性期、おしべが花粉を出して倒れてしまった後、柱頭が5裂して他花の花粉を待ち受ける雌性期があります。果実は蒴果。

雄性期の柱頭（左）　雌性期の柱頭（右）

つぼみは紙風船のようだ！

つぼみ

Data ●花：青紫色・淡紫色・白色／広鐘形　先は5裂／おしべ5個／子房は下位
●葉：卵形－狭卵形／互生ときに対生または輪生／裏面は粉白色を帯びる／鋭鋸歯
●花茎：40-100㌢　撮影：2011年8月30日

明点と黒点

サワオトギリ 〔オトギリソウ科〕 多年草

Hypericum pseudopetiolatum

瑪瑙山登山道　西登山道　南登山道　**一の鳥居苑地**　大谷地湿原　靈仙寺山登山道

★山地の湿地・沢

　　　3　4　5　6　7　8　9　10　11　12月

輝くような黄色い小花が目にとまりました。茎は単生または叢生し、よく分枝します。葉は対生で、質はやわらかく、葉先は円頭、基部は葉柄状に細まり茎につきます。ルーペで葉の内側を観察すると、明点が見られ、辺縁に黒点がありました。本種は花弁と萼片の内側にも明点が、辺縁には黒点がありました。果実は蒴果です。

明点と黒点のある葉

葉を透かしてみよう！

Data ●花：黄色／茎頂や枝先に集散状につく／花弁5個／萼片5個／おしべは多数 3束にまとまる／花柱は3個 ●葉：狭楕円形・倒卵状楕円形－楕円形・倒披針形 ●茎：(5-)10-30(-70)㌢　撮影：2016年8月28日

29

細長い側花弁

クモキリソウ〔ラン科〕多年草

Liparis kumokiri

瑪瑙山登山道　**西登山道**　南登山道　一の鳥居苑地　**大谷地湿原**　霊仙寺山登山道

★低山帯のやや暗い林内

　　3　4　5　6　7　8　9　10　11　12月

花はユニークな形や色をしています。上に突き出ているのは背萼片、側方に出ているのは側萼片、側花弁2個は細く、線状で後方に反り返っています。大きな唇弁は、くさび状倒卵形で、これも大きく反り返っています。中央に立ち上がっているのは"蕊柱"です。蕊柱の先の方に黄色く見えているのは花粉塊です。蒴果は上向きになって熟します。

花

背萼片　ずい柱
側花片　唇弁
側萼片

萼片は緑が巻き込んでいるよ。

果実

Data ●花：淡緑色／総状花序／背萼片（1個）・側萼片（2個）　狭長楕円形／側花弁は狭線形　●葉：2枚／長楕円形／網目模様はみられない　●花茎：10-20㎝　撮影：2012年7月16日

3枚の小葉

ミツバアケビ 〔アケビ科〕つる性木本

Akebia trifoliata subsp. trifoliata

瑪瑙山登山道　西登山道　南登山道　**一の鳥居苑地**　**大谷地湿原**　霊仙寺山登山道

★山野

| 3 | 4 | 5 | 6 | 7 | 8 | 9 | 10 | 11 | 12月 |

花序は総状で下垂または下曲し、先の方に十数個の小型の雄花、基部に1－3個の大型の雌花をつけます。花弁はありません。花弁状に見えるのは3個の萼片です。秋に見られる長楕円形の液果の果皮は厚く、熟すと紫色になり、裂開します。小葉5枚はアケビまたはゴヨウアケビ（小葉はときに3枚）。一の鳥居苑地のミツバアケビはまだ幼木で花も実も見られません。

雄花（左）　雌花（右）

果肉に包まれて多数の種子。

雄花

果実

Data ●花：濃紫色／雄花にはおしべが6個／めしべの柱頭は粘性　●葉：小葉3枚／卵形・広卵形／先端は少しくぼむ／基部は円い／少数の波状鋸歯がある／ふつう落葉性だが葉はときに越冬する　撮影：2015年5月10日

31

花穂は直立

ヌマトラノオ 〔サクラソウ科〕多年草

Lysimachia fortunei

瑪瑙山登山道　西登山道　南登山道　**一の鳥居苑地**　大谷地湿原　霊仙寺山登山道
★湿地

| 3 | 4 | 5 | 6 | 7 | 8 | 9 | 10 | 11 | 12 月 |

直立する総状花序に、多数の白色の花をつけます。花冠は5裂し、おしべ5個はそれぞれが花冠の裂片と対生します。萼も5裂し、裂片の背面には腺点が見られます。花柄の基部に線形の苞葉があります。蒴果は球形で、宿存性の萼に包まれます。同属のオカトラノオ（前作の43頁で紹介）の花序は直立せず、上部は傾いています。

萼裂片

涼しげに咲く白い花。

オカトラノオ

Data ●花：白色／萼裂片は狭卵形で先は円い　●葉：披針形・倒披針状長楕円形／互生／先は短く尖る／基部は狭くなって柄はない／両面ほとんど無毛／全縁　●花茎：40-70㌢／円柱形／基部は紅色を帯びる　撮影：2016年7月20日

内側に巻く花弁

クマヤナギ 〔クロウメモドキ科〕
つる性の落葉低木

Berchemia racemosa var. racemosa

瑪瑙山登山道　西登山道　南登山道　**一の鳥居苑地**　大谷地湿原　霊仙寺山登山道

★丘陵帯〜低山帯

　　　3　4　5　6　7　8　9　10　11　12月

小さい花が多数ついていますが、花弁のように見えるのは萼裂片です。花弁は萼裂片より短く、それぞれ一つずつのおしべを抱くように内側に巻いています。中央にめしべがあります。翌年の夏に成熟する果実は核果で、緑色から紅色、熟して黒色になります。和名はこの木が山中に生じ、茎が強いために熊にたとえ、若葉をヤナギの葉に見立てたとのこと。

おしべの花糸を包み込む花弁

今年の花と前年できた果実が同時についていることがあるよ。

果実

Data ●花：黄緑色／花弁・萼裂片（長3角形　急尖頭）各5個／おしべ5個　●葉：卵形・長楕円形／互生／側脈は7−8対／裏面は帯白色／全縁　●幹：木に巻きついてのぼる

撮影：2017年8月22日

33

半月形の小節果
ヌスビトハギ 〔マメ科〕 多年草

Hylodesmum podocarpum subsp. oxyphyllum var.japonicum

瑠璃山登山道　西登山道　南登山道　**一の鳥居苑地　大谷地湿原**　霊仙寺山登山道

★山地・薮陰

3　4　5　6　7　8　9　10　11　12月

果実は豆果で、ふつう2個の小節果からなる節果です。扁平で半月形の小節果と小節果の間はくびれ、折れたように曲がっています。小節果は1個の種子を含みます。豆果は触るとざらざら。短いかぎ状の毛があり、これで動物などに付着します。和名"盗人萩"は①豆果の形が忍び足で歩く泥棒の足跡に似ているから②人の気づかぬ間に衣服につくからとのことです。

節果

ヤブハギとまちがえそう。

Data ●花：紅紫色・淡紅色／蝶形花／花弁は旗弁・翼弁・竜骨弁からなる　●葉：葉は茎全体に散生／3小葉／頂小葉は菱状卵形ー卵形／小葉は厚質　裏面は網状脈が目立つ／互生　●茎：60-100㌢　撮影：2016年7月25日

小さな白花

オオヤマフスマ〔ナデシコ科〕
別名ヒメタガソデソウ　多年草

Arenaria lateriflora

瑪瑙山登山道　西登山道　南登山道　**一の鳥居苑地**　大谷地湿原　霊仙寺山登山道

★山地の夏緑樹林内や林縁・草原

太陽の光をいっぱいに浴びて、小群落をつくり咲き広がっていました。径1㌢ほどの白色の花1−3個が頂生または腋生しています。よく見ると、花には大きめと小さめがあり混生していました。また、おしべ10個と3個の花柱が目立つものと、3個の花柱だけが目立って伸びているものがありました。細長い花柄には下向きの短毛があります。果実は蒴果です。

おしべが目立つ花　（上○写真は花柱が目立つ花）

種子には種枕があるよ。

大小の花の比較

Data ●花：白色／花弁5個　長倒卵形／萼片5個　卵形／おしべ10個　花柱3個
●葉：広楕円形−倒披針形／先は鈍頭−円頭／対生／裏面脈上と縁に毛がある／無柄　●茎：10-20㌢／短毛／多少分枝する　撮影：2016年5月30日

3回3出複葉の葉

トリアシショウマ 〔ユキノシタ科〕多年草

Astilbe thunbergii var. congesta

瑞牆山登山道　西登山道　南登山道　**一の鳥居苑地**　大谷地湿原　霊仙寺山登山道
★低山帯～亜高山帯の林床・草原

| 3 | 4 | 5 | 6 | 7 | 8 | 9 | 10 | 11 | 12月 |

葉から見てみましょう。葉は3回3出複葉です。小葉はふつう卵形から広卵形、長さ5－12ｾﾝ、幅4－10ｾﾝ、先端は鋭尖形あるいは尾状で、基部はふつう心形、まれに鈍形です。花序は円錐状。側枝はよく分枝します。花弁は白色でさじ形。おしべの花糸も白色のために、花序全体が白色に見えます。葉の緑との対比で、白い花序はよく目立ちます。果実は蒴果です。

花に訪れた虫

にぎやかに咲く花。

Data ●花：白色／花弁5個　おしべより長い／萼裂片は緑白色／おしべ10個　裂開直前の葯は黄白色／花柱2個　●葉：縁に不ぞろいの鋭い重鋸歯がある　●花茎：40-100ｾﾝ　撮影：2016年7月5日

黄色い花

ヒメキンミズヒキ〔バラ科〕多年草

Agrimonia nipponica

瑪瑙山登山道　西登山道　南登山道　**一の鳥居苑地**　大谷地湿原　霊仙寺山登山道
★低山帯の広葉樹林下・草地

3　4　5　6　7　8　9　10　11　12月

キンミズヒキに似ますが、観察したものは全体的に小型でした。葉は3－5（－7）小葉からなり、先端の3枚が大きく、ほかは小さな葉です。おしべは5－8個（キンミズヒキは8－14個）。果時の花床筒の肋の上にかたい伏毛があり、かぎ状の刺は内側へ湾曲しています。この刺により動物体にくっついて運ばれ、種子が散布されるのです。果実は痩果。

花床筒の上縁にかぎのように曲がった刺

キンミズヒキとくらべてみよう！

Data ●花：黄色／頂生の総状花序　花をまばらにつける／花弁5個／果時の花床筒は長さ3-4㍉径2-3㍉　●葉：茎の下方に集まるか　または茎の上に一様に散生／小葉は楕円形－倒卵形／互生／円みのある鋸歯　●茎：30-80㌢　撮影：2016年8月6日

緑色の花

アオスズラン 〔ラン科〕
別名エゾスズラン　多年草

Epipactis helleborine

瑪瑙山登山道　西登山道　南登山道　**一の鳥居苑地**　大谷地湿原　霊仙寺山登山道
★低山帯上部〜亜高山帯の林縁や草原

3　4　5　6　7　8　9　10　11　12月

茎の上部に20－30個の緑花が総状につき、下方から開花します。萼片は狭長卵形で鋭頭、萼片より短い側花弁は卵形です。唇弁は卵状披針形で淡緑色、上下唇に分かれ、内部は暗褐色です。下唇は半球状楕円形、上唇は3角形。蕊柱は下唇と同長です。和名はスズラン（カキラン）に似ていて緑色の花を開くためとのこと。

唇弁と蕊柱

緑色の花 珍しい！

Data ●花：緑色／総状花序　●葉：5－7枚つく／楕円状卵形／鋭尖頭／互生／基部は茎を抱く／縦ひだがある／葉面や葉脈上に白色の毛状突起をつける　●茎 30-60㌢／全株に褐色の短い縮毛がある　撮影：2016年7月14日

淡黄色の蝶形花

クララ〔マメ科〕多年草

Sophora flavescens

烏帽山登山道　西登山道　南登山道　**一の鳥居苑地**　大谷地湿原　霊仙寺山登山道

★日当たりのよい山野の草原・川原

| 3 | 4 | 5 | 6 | 7 | 8 | 9 | 10 | 11 | 12月 |

茎は高さ80－150㌢、基部は木質となります。葉は奇数羽状複葉で、小型の小葉が多数つきます。茎の頂または枝先から総状花序を出して、多数の淡い黄色の蝶形花をつけます。萼は鐘形、先は斜めに切った形で、先端が短く5裂します。旗弁は翼弁や竜骨弁よりも大きく、先だけ曲って立ち上がっています。豆果は線形、長さ7－8㌢、4－5個の種子が入っています。

花序

花穂の長さは25センチもあったよ。

果実

Data ●花：淡黄色　長さ15-18㍉／萼は長さ7-8㍉　●葉：小葉は15-41枚　長楕円形－狭卵形　長さ2-4㌢幅7-15㍉／両面に短伏毛／互生　●茎：80-150㌢／茎・花柄・葉柄などに茶褐色の短伏毛　撮影：2016年7月9日

39

びっしりと地を埋めつくす円っこい緑葉

オオチドメ 〔ウコギ科〕
別名ヤマチドメ　多年草

Hydrocotyle ramiflora

瑪瑙山登山道　西登山道　南登山道　**一の鳥居苑地**　大谷地湿原　霊仙寺山登山道
★野山

| 3 | 4 | 5 | 6 | 7 | 8 | 9 | 10 | 11 | 12月 |

地面を埋めつくすように、まるっこい葉がふわふわとびっしり。しゃがんでよく見ると、花序はほぼ球形です。ごく小さな花がかたまって10数個咲いていますが、見過ごしてしまいそうです。花は花弁5個で淡緑白色。ノチドメに似ますが、葉身は浅く切れ込み、花序柄は基部の葉より上へ長く伸び出ています。和名はチドメグサよりも大形な様子によるとのこと。

花序

> わんぐりした葉に水玉がゆれる！

果実

Data ●花：白または淡緑色／花弁5個／おしべ5個　花柱2個　●葉：横長の楕円形／基部は深い心形または両面が重なる／葉柄は長さ4-10㌢　茎の上部の葉では非常に短い／縁は浅く裂け　裂片に浅い鈍鋸歯がある　●茎：細長い／地面をはい、節から根を出す　撮影：2013年8月4日

40

小花は 5 − 7 個
ニガナ〔キク科〕
多年草

Ixeridium dentatum subsp. dentatum

瑪瑙山登山道　西登山道　南登山道　一の鳥居苑地　大谷地湿原　霊仙寺山登山道

★山里や丘陵地の草原・疎林内・林縁など

3　4　5　6　7　8　9　10　11　12月

一の鳥居苑地のあちらこちらで、またそれぞれの登山道沿いで、ニガナの黄色い花が目を楽しませてくれます。茎の先に散房状に多数の頭花がついています。茎は細く、披針形の葉に抱かれています。頭花には5−7個の小花があり、小花が白色のものはシロニガナです。一の鳥居苑地にはシロニガナも生育しています。果実は痩果で、冠毛は汚白色です。

蝶もやってくる

一の鳥居苑地には黄小花が8〜11個の株も生育しているよ。

Data ●花：黄色／頭花　●葉：根出葉は花時に少数あり、個体によってさまざまに異なる切れ込みがある　●茎：30㌢内外　撮影：2013年6月16日

41

唇弁に距

スミレ 〔スミレ科〕 多年草

Viola mandshurica var. mandshurica

瑪瑙山登山道　**西登山道**　南登山道　**一の鳥居苑地**　大谷地湿原　雲仙寺山登山道

★低地・丘陵地・山野

3　4　5　6　7　8　9　10　11　12月

花弁は5個あります。上方の一対は上弁、側方の一対は側弁と呼ばれます。側弁の基部には毛があります。下方の1個の花弁は唇弁と呼ばれ、紫の筋があります。唇弁の基部は距となっています。距の長さは5−7㍉です。和名は"スミイレ"の略で、花の形が大工さんが用いる墨つぼに似ている様子から、とのことです。

距

スミレの花咲くころ♪

側弁の毛

果実

Data ●花：濃紫色・濃紅紫色／径約2㌢／萼片は5個　披針形／おしべ5個　●葉：3角状披針形・長楕円状披針形／葉柄の上方に翼がある／鈍頭／低い鋸歯　●茎：6-20㌢　撮影：2016年5月25日

コラム〈花と昆虫〉

　動くことができない植物。植物にかわって花粉を運んで、その受粉と受精を助ける昆虫や鳥などはポリネーターと呼ばれます。虫媒花は訪花する昆虫を選ぶことはできませんが、受粉を効率よく行うためには特定の昆虫をポリネーターとすることがより効果的です。例えばスミレ。

　スミレの仲間は5弁花で、上弁2個・側弁2個・唇弁1個よりなります。唇弁の基部は距と呼ばれます。距には蜜があります。この距から蜜を吸うことができる昆虫は、距までとどく口器（口吻）をもつ昆虫です。スミレの花と蜜を求めて訪れることのできる昆虫の口器（口吻）の長さは、密接に関係し合っているのです。

　上写真、今まさにビロードツリアブがオオタチツボスミレの花に訪れて、口吻を花の中に突っ込んでいます。2個の上弁の間には白い距が見られます。

　右・下写真では、ウツボグサやツリフネソウ、エゾリンドウにマルハナバチの仲間が訪れて、花に止まり口器（中舌）を出そうとしていたり、もぐり込んだり、花粉を後脚や体につけて出ようとしたりしています。マルハナバチの仲間は、これらの花のポリネーターなのです。

　花は大きさや色、形、咲き方、構造の仕組みなど多種多様です。これはポリネーターに訪花してもらうためのアピールであったり、ポリネーターの体にうまく花粉をつけたり他花の花粉を受けとめるための仕組みだったりするわけです。花とポリネーターである昆虫は、どこまでも共に進化し続けていく共生関係を生み出しているのです。そして共に、それぞれ命をつないでいくのです。

紫色の果実

ムラサキシキブ 〔シソ科〕 落葉低木

Callicarpa japonica var. japonica

瑪瑙山登山道　西登山道　**南登山道**　**一の鳥居苑地**　大谷地湿原　霊仙寺山登山道
★低山帯の林縁・疎林

```
  3   4   5   6   7   8   9   10  11  12月
```

学名の属名 Callicarpa は、callos（美しい）＋ carpos（果実）。果実は径約3㍉の球形で、秋に紫色に熟します。和名は、輝くような優美な紫色の果実を紫式部の名をかりて美化したものだそうです。花も美しいです。淡紅紫色の小さな花が多数群がって咲きます。おしべ4個は花冠より少し突き出します。花柱も花冠より突き出ていました。

秋の黄葉と果実

実は
紫の宝石！

Data ●花：淡紅紫色／葉の腋から集散花序を出す／花冠は4裂／萼は4歯がある
●葉：長楕円形／対生／裏面に帯黄色の腺点がある／先は尾状に鋭尖／葉柄がある／細かい鋸歯　●幹：2-5㍍　撮影：2015年7月20日

頭花は筒状花

ヒヨドリバナ 〔キク科〕 多年草

Eupatorium makinoi

瑪瑙山登山道　西登山道　南登山道　一の鳥居苑地　大谷地湿原　霊仙寺山登山道

★低山地の草原や林縁・ときに明るい林床

　　3　4　5　6　7　8　9　10　11　12月

もやもやとして白く、線形のものがツンツンと伸び出している花です。近づいてみると、多数の白色の頭花が散房状についています。観察したものは、1つの頭花が5個ほどの筒状花からなっていました。筒状花の花冠の先は浅く5裂。ツンツン伸び出していたのは花柱でした。花柱が分枝して、長く伸び出していたのです。果実は痩果で、冠毛は汚白色です。

花序

葉は対生し柄があるよ。

Data ●花:花冠は白色　稀に帯紫色　●葉:卵状長楕円形／短鋭尖頭／鋭鋸歯　●茎:(0.1－)0.3－1.6㍍　〔ヒヨドリバナには無融合生殖をおこなう倍数体と有性生殖をおこなう2倍体があるとのことです。両者を区別するときには、前者をオオヒヨドリバナ、後者をキクバヒヨドリというとのこと。後者は西日本に分布するとのことです〕　撮影:2014年9月26日

45

4個の大きい白色装飾花

ツルアジサイ 〔アジサイ科〕別名ゴトウヅル
落葉性のつる性木本

Calyptranthe petiolaris

瑪瑙山登山道　西登山道　南登山道　**一の鳥居苑地**　大谷地湿原　霊仙寺山登山道
★低山帯上部〜亜高山帯林縁

　　3　4　5　6　7　8　9　10　11　12月

大木を覆い尽くさんばかりに、よじのぼりながら生育しています。たくさんの普通花の回りを、大きな白色の装飾花がとり囲み、花序は1つの大きな花のようです。この花序がポンポンといくつも並んで咲き、空を飛ぶ送粉者である昆虫への誘導灯になっているようにも見えます。普通花の花弁は5個ですが、先端はくっついて帽子状のまま落下します。

中央：普通花　回り：装飾花

花弁のように見える装飾花の白い萼片は4個だよ。

細かい鋭鋸歯

Data ●花：白色　散房状集散花序／普通花の花筒は倒円錐形　萼片は5個／おしべ15−20個　花柱2個　●葉：広卵形・卵円形／対生／葉柄がある／細かい鋭鋸歯　●幹：多数の根を出し、木や岩面をはって伸長して長さ15㍍にも達する　撮影：2016年6月15日

1個が目立つ装飾花

イワガラミ 〔アジサイ科〕
落葉性のつる性木本

Schizophragma hydrangeoides

瑪瑙山登山道　西登山道　南登山道　**一の鳥居苑地**　大谷地湿原　霊仙寺山登山道
★低山帯の林縁

| 3 | 4 | 5 | 6 | 7 | 8 | 9 | 10 | 11 | 12月 |

ツルアジサイに似ています。花序周辺の装飾花の萼片を見比べましょう。イワガラミは1個が大きく目立ちますが、ツルアジサイはふつう4個でほぼ同大同形です。また、葉の縁の鋸歯を見比べると、一般にイワガラミの方がツルアジサイより粗いです。普通花は花弁5個ですが、先がくっついたまま開かず、帽子をぬぐように落ちます。果実は蒴果です。

普通花のめしべとおしべ

装飾花の数が目印。

ややまばらに浅い鋭鋸歯

幹から出た根

Data ●花：白色／散房花序／普通花の花筒は倒円錐形　萼片は5個／おしべ10個　花柱1個　●葉：広卵形／対生／先は鋭尖形・鋭形　●幹：幹から出た細かい根が他の高木の樹皮や岩に付着して高くのぼる　撮影：2013年7月28日

47

巻き上がる分果

ゲンノショウコ 〔フウロソウ科〕
別名ミコシグサ　多年草

Geranium thunbergii

瑪瑙山登山道　西登山道　南登山道　一の鳥居苑地　大谷地湿原　霊仙寺山登山道
★山野の草地　林縁・路傍

3　4　5　6　7　8　9　10　11　12月

花色は変異が多いようです。飯縄山登山道では花弁が白色で、紅紫色〜淡紅色の筋が5本ほど入るものが多かったです。5個の分果ができ、成熟すると多くは嘴の上端を中軸につけたまま果体から外反して巻き上がり裂開、種子をとばします（コラム3参照）。下痢止めとして、煎じて飲むと薬効が直ちに現れたことから"現の証拠"の和名があるといわれます。

巻き上がる分果

裂開した果実はみこしの屋根のよう。

Data ●花：紅紫色－淡紅紫色－白色／花弁・萼片各5個／おしべ10個　葯は青色－青紫色－淡紅紫色／めしべ1個　5心皮からなる　●葉：茎葉は腎形－円形／下部の葉は5中－深裂　上部の葉は3深裂し　裂片は卵形－倒卵形で2－6個の粗い鋸歯がある／対生ときに互生　●茎：30-50㌢　撮影：2014年9月10日

48

コラム 〈タネのできるまで〉

ゲンノショウコのタネは、どのように稔っていくのでしょう。

タネは5つ！

萼に開出する長い毛

イヌトウバナ 〔シソ科〕多年草

Clinopodium micranthum var. micranthum

瑪瑙山登山道　**西登山道**　南登山道　一の鳥居苑地　**大谷地湿原**　霊仙寺山登山道

★林縁・路傍・山間の木陰

　　3　4　5　6　7　8　9　10　11　12月

花穂は茎頂や上部の葉腋につきます。白色でわずかに淡紫色を帯びた花は、花穂の軸の回りにまばらに輪生し、これが数段つきます。萼には開出する長い軟毛が多くあります。よく似ているミヤマトウバナも茎頂や上部の葉腋にも花穂をつけますが、萼にあるのは、まばらな短毛です。トウバナの和名は"塔花"で、花穂の様子によるとのことです。

萼と開出する長毛

> 萼に毛
> ゴソゴソ！

Data ●花：白色でわずかに帯淡紫色／花冠は上唇浅く2裂　下唇は3裂／萼は上唇3裂　下唇は2裂　●葉：卵形－狭卵形／両面にまばらに毛がある／葉裏面に腺点がある／対生／葉柄がある／鋸歯がある　●茎：20-50㌢　撮影：2013年8月28日

橙黄色の集合果

モミジイチゴ 〔バラ科〕小低木

Rubus palmatus

瑪瑙山登山道　西登山道　南登山道　**一の鳥居苑地**　大谷地湿原　霊仙寺山登山道

★低山帯の林下

3　4　5　6　7　8　9　10　11　12月

比較的明るく開けた場所に咲いていました。茎には刺があります。葉腋から花柄を出し、白い花が枝の下に並ぶように下向きに開きます。肥大した花床上に小核果が集まって集合果(キイチゴ状果)を形成します。球形の集合果は枝から垂れ下がり、鮮やかな橙黄色に熟します。和名は葉形がカエデの葉に似ているからであるとのこと。

小核果が集まった集合果

花も実も下を向いているよ！

訪虫

Data ●花：白色／おしべ多数　心皮多数／花柄は長さ 5-10㍉　●葉：卵形－狭卵形／通常３－５裂するか　まれに分裂せず　不規則な鋭鋸歯がある／長鋭頭・鋭尖頭／基部は切形－浅心形／互生／葉柄は長さ 30-45㍉　撮影：2015年5月16日

51

狭長楕円形の苞

オオバボダイジュ 〔アオイ科〕
落葉高木

Tilia maximowicziana var. maximowicziana

瑪瑙山登山道　西登山道　南登山道　**一の鳥居苑地**　**大谷地湿原**　霊仙寺山登山道

★低山帯の沢筋に多い

| 3 | 4 | 5 | 6 | 7 | 8 | 9 | 10 | 11 | 12月 |

シナノキ属の特徴の一つである狭長楕円形の舌状の苞があります。苞は中部以下が花序の軸に合着します。苞の長さは花時に5−8㌢、果時に6−10㌢になるようです。苞は果期には花序とともに枝から離れ、翼となって風にのり種子を散布します。果実は球形または楕円形で、灰白色の短い軟毛が密生します。

クルクル回る苞！

苞と果実

Data ●花：淡黄色／花弁（狭長楕円形）5個・萼片5個　おしべ多数／仮おしべは線状披針形　花弁より短い　●葉：ゆがんだ円形／互生／裏面は星状毛が密生して灰白色／先は短く尾状に尖る／尖った鋸歯　撮影：2015年7月19日

花冠と副花冠がある花

イケマ 〔キョウチクトウ科〕
つる性の多年草

Cynanchum caudatum var. caudatum

瑪瑙山登山道　西登山道　南登山道　**一の鳥居苑地**　大谷地湿原　霊仙寺山登山道
★山地の林縁・林内

　3　4　5　6　7　8　9　10　11　12月

葉腋から出る長い花序軸の先に散形花序をつくります。花は外側から萼、花冠、副花冠と並びます。淡黄緑色の花冠は深く5裂し、裂片は狭長楕円形で反り返ります。真ん中の花冠のように見える部分は副花冠で、これも5裂して裂片が突き出します。観察した副花冠は白色でした。果実は袋果で細長い形です。種子には白い毛がつき、風によって散布されます。

花序

アサギマダラの幼虫の食草とのことだが…

果実の袋果

アサギマダラ

Data ●花：花冠は淡黄緑色　花冠の内面に毛／萼は5裂　卵形　●葉：卵形／3-6㎝の柄がある／対生／裏面は淡緑白色／基部は深い心形／先は長く尾状に鋭く尖る／全縁　撮影：2013年8月4日

地上と地中にできる豆果
ヤブマメ 〔マメ科〕
つる性の一年草

Amphicarpaea edgeworthii

瑪瑙山登山道　西登山道　南登山道　**一の鳥居苑地**　**大谷地湿原**　霊仙寺山登山道

★道端・野原・林縁など日当たりのよいやや乾いた場所　樹陰などかなり日陰の場所にも生育

```
  3   4   5   6   7   8   9   10  11  12 月
```

花は、開放花・地上閉鎖花・地上茎が地下に入って作る地中閉鎖花・地中閉鎖花の4種類をつけるようです。開放花は旗弁・翼弁・竜骨弁でなります。豆果は地上と地中にできます。開放花と地上閉鎖花から生まれた狭長楕円形の地上果は種子2－4個が入り、熟すと裂開します。地中果は淡褐色の薄い果皮に包まれ、円形で膨らみ、観察したものは種子1個が入っていました。

地中の豆果　（上○写真は開放花）

地中果の種子は地上果の種子より大型。

地上の豆果

Data ●花：開放花　旗弁は基部白色で上部の開出部分が淡紫色／萼は筒状　萼裂片は萼筒より短い　有毛／苞は宿存し広卵形　●葉：3小葉からなる／頂小葉は広卵形－卵形／互生／托葉は卵形－広卵形　●茎：まわりの植物に巻きついて2mに達する
撮影：2013年8月28日

花は雄性先熟

アリノトウグサ〔アリノトウグサ科〕
多年草

Gonocarpus micranthus

瑪瑙山登山道　西登山道　南登山道　**一の鳥居苑地**　大谷地湿原　霊仙寺山登山道
★山野の日当りのよい草地

3　4　5　6　7　8　9　10　11　12月

小さな花が下向きに点々とつきます。花は雄性先熟で、おしべが先に熟します。雄性期の花は、紅色の花弁と黄色い花粉をつけたおしべの葯が見られます。右写真は雌性期の花で、花弁もおしべも落ち、柱頭が羽毛状に広がっています。観察したものは淡い紅色で、美しいです。和名は"蟻塔草"。草全体を蟻塚に、小さい花をアリに見立てたということです。

雌性期の花（上○写真は雄性期の花）

まるっこい葉はつやがある。

Data ●花：黄褐色－紅色／頂生する複総状花序／花弁4個／おしべ8個／花柱3－4個／萼筒は倒卵状球形　4裂片は3角形／葉：卵形－卵円形／対生　上部の葉は時に互生／先は鋭形　基部は円形／低い鈍鋸歯／茎：10-40㎝　撮影：2014年7月6日

藍黒色の果実
タンナサワフタギ〔ハイノキ科〕
落葉小高木

Symplocos coreana

瑪瑙山登山道　西登山道　南登山道　一の鳥居苑地　大谷地湿原　雲仙寺山登山道
★低山帯

3　4　5　6　7　8　9　10　11　12月

白花が多数密生して、遠くから見ると、もやもやふわふわした白雪のようです。サワフタギとよく似ていますが、果実期になると違いがよく分かります。サワフタギは果実が青色に熟します。タンナサワフタギの果実は藍黒色に熟します。果実の先には萼裂片が残っていて、それが開いた口ばしのように見えます。樹皮は縦に裂けるか、薄片に剝脱します。

果実

甲虫も送粉者！

残った萼裂片

縦に裂ける樹皮

Data ●花：白色／円錐花序／花冠は5深裂／萼は5裂／おしべは多数／花柱は1個
●葉：卵形－倒卵形／互生／先は急に尾状に尖る／縁は先が鋭く尖る粗い鋸歯
幹：3-5㍍　撮影：2015年6月21日

56

青色の鮮やかな果実

サワフタギ 〔ハイノキ科〕
落葉低木

Symplocos sawafutagi

瑪瑙山登山道　**西登山道**　**南登山道**　一の鳥居苑地　大谷地湿原　雲仙寺山登山道
★低山帯の沢筋に多い

| 3 | 4 | 5 | 6 | 7 | 8 | 9 | 10 | 11 | 12月 |

白色の細かい花がたくさんかたまるように咲き、花冠より少し長いおしべも多数出ていて、花序全体が白くぼわっとした感じに見えます。秋には鮮やかな青色の果実が熟します。径6-7㍉で、ゆがんだ卵形の核果です。和名はおそらく"沢蓋木"の意味で、沢の上に繁茂して沢を覆い隠す様子からきているのではないかといわれているようです。

花序

一瞬、ドキッ！"青色の実"

 Data ●花：白色／円錐花序／花冠は深く5裂　おしべ多数　花柱1個／萼は5裂
●葉：倒卵形-楕円形／互生／表面はまばらに圧毛がある　裏面脈上に毛がある／先は急に短く尖る／細鋸歯　●幹：2-4㍍　撮影：2013年10月18日

57

短枝に花が咲く

ヤマナシ 〔バラ科〕
落葉高木

Pyrus pyrifolia

馬瑠山登山道　西登山道　南登山道　**一の鳥居苑地**　大谷地湿原　雲仙寺山登山道
★低山帯の落葉樹林中

3　4　5　6　7　8　9　10　11　12月

春、黄緑色に淡紅色がにじむ、やわらかな若葉の展葉とほぼ同時に、真っ白な花が樹冠全体を埋め尽くすように咲きます。花は短枝の先につきます。花糸は白く、葯は紅紫色を帯びます。たくさんのおしべの中で花柱は離生しています。果実は一の鳥居苑地では径2－3㌢ほど、ほぼ球形で褐色、皮目が多いです。似ているアオナシの果実には萼片が残ります。

通常は萼片が残存しない果実

> 熟した果実は
> ほんのり
> 梨の香り！

アオナシの果実

Data ●花：白色／花弁は5個／花柱は5個／萼片は狭卵形　縁に腺状鋸歯がある
●葉：卵形－狭卵形／鋭尖頭／基部は円形／葉柄がある／縁に芒状の鋭鋸歯がある／互生　撮影：2015年5月8日

2

南登山道の植物

前著『飯縄山登山道　植物ふしぎウオッチング』では、飯縄山南登山道で出会った植物 227 種を掲載しました。出版後も、南登山道経由で飯縄山に何度も登山してきました。登ってみますと、同じ登山道でもさらに新たな草花との出会いがありました。例えばホソバノツルリンドウやツルツゲ。こうした南登山道で新しく出会った草花を本章で掲載します。併せて、クマイチゴやヒロハノツリバナなど、南登山道で私たちの目にとまった木々もいくつか掲載いたします。新たにご紹介する植物は 26 種です。

矢のような茎
オニノヤガラ 〔ラン科〕多年草

Gastrodia elata

瑪瑙山登山道　西登山道　**南登山道**　一の鳥居苑地　大谷地湿原　霊仙寺山登山道
★低山帯の落葉樹林内

　3　4　5　6　7　8　9　10　11　12月

菌従属栄養植物で、ナラタケと共生するそうです。20－50個ほどの花が総状につきます。一つ一つの花は下っ腹がポッコリ膨らんだようでユニークです。壺状の花を詳しく見ると、上側は背萼片と側萼片2個に3裂し、その裂片の内側に小さな側花弁が2個ついています。さらに唇弁が壺状の中から出ています。和名は真っ直ぐな茎を神の使う矢になぞらえたものといいます。

総状花序

> 異彩を放つ！
> これ花なの？

Data ●花：黄褐色／唇弁は卵状長楕円形　基部近くで3裂し中裂片の縁は細裂する
●葉：膜質の鱗片葉がまばらにつく　●茎：40-100㌢／円柱形　直立／帯黄褐色
撮影：2014年7月6日

60

花弁のように見える白い萼

ボタンヅル 〔キンポウゲ科〕
草本性のつる植物

Clematis apiifolia var. apiifolia

瑪瑙山登山道　西登山道　南登山道　一の鳥居苑地　大谷地湿原　霊仙寺山登山道

★温帯林の縁や道端の草むら

3　4　5　6　7　8　9　10　11　12月

白い花がびっしりと咲きます。白い花弁のように見えるのは、つぼみ時に、多数あるおしべやめしべを包んで守っている萼なのです。狭卵形－紡錘形の痩果をつくりますが、花後に残存する花柱は多少とも伸長し、長さ1㌢くらいになるようです。痩果につく残存花柱は羽毛状です。和名"牡丹蔓"は葉の様子がボタンの葉のようで、つる性であるからとのこと。

痩果と羽毛状の花柱

ふわふわたねは風車。

つぼみ

Data ●花：白色／頂生または腋生の円錐状集散花序に多数つく／萼片は4個　狭倒卵形　●葉：1回3出複葉／小葉は狭卵形－広卵形　粗い鋸歯がある／対生　●茎：緑色か紫褐色／屈毛がある　撮影：2015年8月15日

61

一枚ある葉

ヒトツボクロ 〔ラン科〕多年草

Tipularia japonica

瑪瑙山登山道　西登山道　**南登山道**　一の鳥居苑地　大谷地湿原　霊仙寺山登山道

★低山帯の明るい林内

| 3 | 4 | 5 | 6 | 7 | 8 | 9 | 10 | 11 | 12月 |

登山道脇の林内に1本生育していました。周りはアカマツの木々と広葉樹。深緑色で表面に光沢がある葉はイチヤクソウに似ていました。でも卵状楕円形の葉は1枚。茎の根元から出ています。葉の中肋が白く印象的でした。花は総状花序で、紫褐色を帯びた淡黄緑色の小さな花がまばらに8個ついていました。みな下向きです。距は淡紅紫色で、長さ5㍉ほどでした。

葉

葉の真ん中に白い線！

Data ●花：紫褐色を帯びた淡黄緑色／5－10個／萼片・側花弁は狭倒披針形　鈍頭／唇弁は倒卵形　3裂し中裂片は広線形で円頭　全縁　側裂片には細歯牙がある／苞は微細　●葉：鋭尖頭／裏面は紫色／柄がある　●茎：20-30㌢／下半部に2－3個の鞘状葉がある　撮影：2014年7月6日

鋭い刺

ママコノシリヌグイ 〔タデ科〕別名トゲソバ 一年草

Persicaria senticosa

瑪瑙山登山道　西登山道　**南登山道**　一の鳥居苑地　大谷地湿原　雲仙寺山登山道
★低山帯下部　人里地域

```
     3   4   5   6   7   8   9   10  11  12月
     ├───┼───┼───┼───┼───┼───┼───┼───┼───┤
```

茎に下向きで著しく鋭い刺毛が多くあります。茎は長く伸びて他物に寄りかかるなどして、高さ約1㍍になります。花は枝頂に頭状に集まります。花弁はなく、萼が深く5裂。基部は白色で上部は紅色または淡紅色。宿存萼が痩果を包みます。痩果は球形、熟すと黒色になります。和名は"継子の尻拭"で、逆向きの刺のある茎で継子の尻を拭く草という意味とのことです。

3角形の葉と下向きの刺

刺でも他物にひっかがって伸びるよ!

痩果

 Data ●花：おしべ8個／花柱3個　●葉：3角形／互生／先は鋭形／基部は浅心形／裏面脈上に刺毛がある／長柄がある／托葉鞘の筒部は短く上部は腎円形で葉状をなし緑色　●茎：よく分枝し緑色で通常紅色を帯びる　撮影：2016年7月30日

63

かぎ状毛だらけの果実
ウシタキソウ〔アカバナ科〕
多年草

Circaea cordata

瑪瑙山登山道　西登山道　**南登山道**　一の鳥居苑地　大谷地湿原　霊仙寺山登山道

★山地の林下

```
  3   4   5   6   7   8   9   10  11  12月
```

茎はやわらかい長毛と短毛を密生します。夏に頂生または側生の総状花序を出し、白色の小さな花が開きます。花は淡緑色の萼片2個、広倒卵形で2つに深く裂けた花弁2個、おしべも2個で花弁より少し出ています。花柱は1個、おしべより長く花弁から突き出ます。子房は下位、かぎ毛があります。果実は球形。径約3㍉、溝があり、かぎ状毛によって密におおわれます。

かぎ状毛がある果実

果実は
ひっつき虫。

Data ●花：白色／花序は長さ7-15㌢になる　●葉：卵心形－卵形／長さ4-12㌢　幅3-8㌢／両面に毛／対生／基部は心形－円形／先は鋭尖形／低鋸歯　●茎：40-60㌢
撮影：2012年8月22日

ふくらんだ球花状の雌花穂

カラハナソウ 〔アサ科〕多年生のつる草
風媒花 雌雄異株

Humulus lupulus var. cordifolius

瑪瑙山登山道　西登山道　**南登山道**　一の鳥居苑地　**大谷地湿原**　霊仙寺山登山道

★低山帯の林縁

　　3　4　5　6　7　8　9　10　11　12月

膨らんだ球花状の雌花穂が、短い柄に下垂します。薄い膜質で淡緑黄色の苞片からは、花時にいくつもの花柱が出ていました。苞は果時、大型の卵状長楕円形となり、乾くと帯褐黄色に。いく枚もの苞が重なって膨れた卵状球形となり、多数垂れ下がります。苞の基部に痩果が包まれます。観察したものは、苞の下方や痩果の表面に黄色の小腺点が多数ありました。

雌花穂　（上○写真は雄花）

果穂は松ぼっくりみたいだ！

果時の重なり合った苞

苞と果実

Data ●花：雄花は淡黄色　円錐花序につき　花被は5全裂　おしべ5個　●葉：卵円形／単純・3（-5）中裂／対生／基部は心形／長柄／粗い鋸歯　●茎：つる草／下向きの刺毛がある　撮影：2015年9月26日

65

筒状　細長い花冠

ホソバノツルリンドウ

〔リンドウ科〕
別名ホソバツルリンドウ
一年生のつる草

Pterygocalyx volubilis

瑠璃山登山道　西登山道　**南登山道**　一の鳥居苑地　大谷地湿原　霊仙寺山登山道

★山地

```
  3   4   5   6   7   8   9   10   11   12月
  ├───┼───┼───┼───┼───┼───┼────┼────┼────┤
```

細い茎が、ススキの茎にグルグル巻きついて伸びていました。萼筒は長さ15－20㍉。4条の翼があります。萼筒から突き出ている長い筒状の花冠は、白色で淡紫色を帯びています。外形はツルリンドウに似ていますが、本種は花冠が4裂し、副片はありません。果実は蒴果です。ツルリンドウは花冠が5裂し、副片があり、果実は紅紫色の液果です。

花

繊細
やさしげな
花だよ！

膜質の翼がある種子

Data ●花：白色で淡紫色を帯びる／花冠は筒状で長さ30-35㍉／萼は4裂（萼も花冠もまれに5裂）／柱頭は4浅裂　●葉：披針形・線状披針形　長さ2-5㌢幅5-10㍉／先が長く尖る／対生／裏面は紫色にならない／全縁　●茎：つる草　撮影：2015年10月2日

66

よい香り 白色5弁花

ノイバラ 〔バラ科〕別名ノバラ
落葉低木

Rosa multiflora var. multiflora

瑪瑙山登山道　西登山道　**南登山道**　一の鳥居苑地　**大谷地湿原**　霊仙寺山登山道
★低山帯の草地

　3　4　5　6　7　8　9　10　11　12月

花は登山道にほんのりよい香りを漂わせます。枝先に円錐花序をつけます。観察してみましょう。白色の花は径1.8－2.3㌢、花弁はふつう5個です。黄色いおしべが多数ついています。萼裂片は卵状披針形で反り返り、毛が密生します。葉は奇数羽状複葉、小葉は7－9枚からなります。秋、赤色の卵状楕円形ないしは球形の小さい果実を結びます。

果実

♪わらべは見たり、のなかのバラ♪

訪虫

Data ●花：白色・時に淡紅色を帯びるものもある／花柱は柱状　●葉：頂小葉は倒卵状長楕円形／互生／小葉の裏面と羽軸に軟毛／托葉は羽状に細く深く裂ける／鋭い鋸歯　●幹：かぎ形の刺がある　撮影：2016年6月22日

67

奇数羽状の葉
オオニワトコ
〔ガマズミ科〕
別名ミヤマニワトコ・ナガエニワトコ
落葉小低木

Sambucus racemosa var.major

瑪瑙山登山道　西登山道　南登山道　一の鳥居苑地　大谷地湿原　霊仙寺山登山道
★日本海側の多雪地帯

```
  3   4   5   6   7   8   9  10  11  12月
```

帯黄白色の小さな花が、盛り上がるように密集して咲いています。日本海側の多雪地帯に見られるとのことです。主幹は褐灰色で、伏してしばしば根を出します。葉は対生し奇数羽状複葉。2－3対の小葉をもちます。小葉は大きく、長楕円状披針形－楕円形です。やや球形または卵形の核果は、まっ赤に熟し鮮やかです。

果実

まっ赤な実は
鳥たちの
ごちそう？

Data ●花：帯黄白色／花冠は深5裂／円錐花序／おしべ5個　●葉：表面にまばらな細かい毛と乳頭状突起があるが、のちに無毛となる／しばしば粗い鋸歯がある●幹：ふつう1-1.5㍍　撮影：2015年5月8日

全開しない花弁

ナワシロイチゴ 〔バラ科〕 つる状小低木

Rubus parvifolius

瑪瑙山登山道　西登山道　**南登山道**　一の鳥居苑地　大谷地湿原　霊仙寺山登山道
★低山帯の草地

| 3 | 4 | 5 | 6 | 7 | 8 | 9 | 10 | 11 | 12月 |

花が開くのを待っていましたが、萼は開いても花弁は全開しません。よく見ると、花弁の先はちょっとだけ開き、柱頭がのぞいています。やがて花弁が落ちると、多数のおしべが現れました。おしべはたくさんの花柱を取り巻いています。受粉後、萼裂片は果実を包み、果実が熟すと開きます。果実は赤色で球形、小核には網目模様があります。

おしべ(回り)　花柱・柱頭(中央)

小葉は円っこいよ！

花と昆虫

小核果が集まった集合果

Data ●花：淡紅色／散房花序／花弁5個／萼片は披針状長楕円形でやや尾状鋭尖頭／おしべ多数／心皮多数　花柱は糸状　柱頭はややふくらむ　●葉：花枝では3出複葉　今年枝では3出複葉または5枚の小葉をもつ羽状複葉／互生／粗い2重鋸歯　●幹：茎ははう／刺は細く短い　撮影：2016年6月22日

鮮紅色の花柱

オニグルミ 〔クルミ科〕落葉高木 雌雄同株

Juglans mandshurica var. sachalinensis

瑪瑙山登山道　西登山道　南登山道　一の鳥居苑地　大谷地湿原　靈仙寺山登山道
★川沿いの湿気の多い所・山野

　　　3　4　5　6　7　8　9　10　11　12月

雄花序と雌花序があります。雄花序は前年枝の葉腋から出て垂れ下がり、多数の雄花がつきます。雌花序は枝先に直立してつきます。この軸には長毛と腺毛が密生します。花は7－10個ほどで、先に2個の太い花柱が伸び、見事なほど鮮やかな紅色です。昆虫を誘う必要のない風媒花なのに、なぜこんなに鮮やかなのでしょう。不思議です。果実は核果状の堅果。

雌花序　（上〇写真は若い雄花序）

縄文人も食べたのかな！

Data ●花：雄花に4個の花被片／雌花序は長さ約6-13㌢　●葉：奇数羽状複葉／11－19枚の小葉からなる／互生／縁に尖った細鋸歯／裏面に星状毛　●枝：葉の跡がこぶ状に残り　くびれのある倒3角形で3隅に維管束の跡が目立つ　撮影：2015年5月28日

コラム〈オニグルミの堅果〉

　登山道で、オニグルミの堅果をそれぞれ違う場所ですが、2個見つけました。よく見ると、形が違います。一個は、きれいに半分に割られています。もう一個は丸々一個で、片側にまるっこい穴が開いています。

　なぜ、このような違いがあるのか不思議でした。

　オニグルミの果実はとてもかたくできています。核果状の堅果で、果皮は木化してかたいのです。1個の種子をもちます。私たちでさえ簡単に割ることはできません。このかたいオニグルミの堅果の中身である種子を好んで食べる動物がいるのです。ニホンリスとアカネズミです。登山道に落ちていたオニグルミの堅果も、リスかアカネズミに食べられたものだと思われます。

　2つのオニグルミの堅果の食べた痕の形が違うのは、リスとアカネズミでは、その食べ方が違うからなのだそうです。左側はリスが食べた痕、右側はアカネズミの食べた痕だそうです。

　オニグルミの堅果を両手ではさむようにして持ち、リスは丈夫な歯でかたいオニグルミの殻を縫合線に沿って割るとのこと。縫合線に沿って削っていき、隙間ができると、そこから2つに割るようです。きれいに割れていますね。写真には、縫合線に歯の痕らしき削りが見られます。

　一方、アカネズミはかたい殻の側面を歯で削り続けて、穴を開け種子を食べるとのことです。写真では、オニグルミの堅果の縫合線に沿った場所に穴が開いています。これは食べ方の上手なアカネズミなのでしょうか。縫合線の中央に穴を開けると食べ残しが少なく効率的に種子を食べることができると思われます。

　リスやアカネズミに種子を食べられてしまうオニグルミ。ですがオニグルミにもメリットがあるのです。リスやアカネズミなどこれら小動物には貯食行動があります。秋にオニグルミの堅果を落ち葉などに隠します。しかし、食べ残しや隠し忘れたものが出てきます。それが発芽するのです。オニグルミは小動物を介しても子孫を増やし、分布を拡大しているのです。ここには植物と動物との共生の関係がみられます。

　登山道に落ちている果実から、動物の行動を想像するのも山歩きの楽しみの一つです。

1.5 センチほどの頭花

シロヨメナ 〔キク科〕 多年草

Aster leiophyllus var. leiophyllus

瑪瑙山登山道　西登山道　**南登山道**　一の鳥居苑地　大谷地湿原　霊仙寺山登山道

★山林の縁・山道

```
  3   4   5   6   7   8   9   10   11   12月
```

登山道に7−8株が生育していました。先が鋭く尖る長楕円状披針形の葉は基部から1/3あたりで急に狭くなり、先に向かってしだいに狭まっています。3脈が目立ち、縁には大きな鋸歯があります。頭花は径約1.5㌢。総苞は筒状。痩果は狭倒卵形です。一の鳥居苑地には、本種とよく似たものが生育していますが、頭花は径2.5㌢ほどの大きさです。

頭花

晩秋遅くまで咲いているよ。

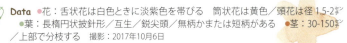

Data ●花：舌状花は白色ときに淡紫色を帯びる　筒状花は黄色／頭花は径 1.5-2㌢
●葉：長楕円状披針形／互生／鋭尖頭／無柄かまたは短柄がある　●茎：30-150㌢
／上部で分枝する　撮影：2017年10月6日

果実と萼で衝羽根
ツクバネウツギ 〔スイカズラ科〕落葉低木

Abelia spathulata var. spathulata

瑪瑙山登山道　西登山道　**南登山道**　一の鳥居苑地　大谷地湿原　霊仙寺山登山道
★丘陵地や山地

| 3 | 4 | 5 | 6 | 7 | 8 | 9 | 10 | 11 | 12月 |

花冠は上唇が2裂、下唇が3裂で、花柄のように見える細長い子房の先端に、萼と一緒についています。5個の萼片は、へら状線形－へら状倒披針形で、ほぼ同じ大きさです。緑色ですが、しばしば赤紫色となります。萼は果実が熟した後も残ります。和名は萼片の宿存する果実が、羽根つきの衝羽根に、木の姿がウツギに似ているからとのこと。

果実と宿存性の萼

クルクル回って落ちる果実。

Data ●花：白色・黄白色まれに黄色・ピンク色　鐘状漏斗形　喉部の内側には橙色の網目と長毛がある／短い枝の先に2（-4）個つく／おしべ4個　花柱1個　子房は長さ5-10㍉●葉：広卵形－長楕円状卵形／対生／粗く不規則な鋸歯がある　撮影：2015年6月7日

73

寄り集まる白い冠毛

サワギク 〔キク科〕別名ボロギク
多年草

Nemosenecio nikoensis

瑪瑙山登山道　西登山道　**南登山道**　一の鳥居苑地　**大谷地湿原**　霊仙寺山登山道
★湿潤な林内・林縁・草地・道端・水辺・山地の木陰

　3　4　5　6　7　8　9　10　11　12月

やや暗い林縁でひっそりと咲いていました。頭花は茎頂に散形状に多数ついています。黄色い頭花は回りが舌状花、中央は筒状花からなります。痩果は長さ約1.5ミリ、白色の冠毛があります。和名は沢沿いなどの山間の湿地に生えるから、別名"ボロギク"は、果期、多数の冠毛が寄り集まって、ぼろくずのように見えるからとのことです。

痩果と冠毛

葉は小鳥の尾羽根！

Data ●花：黄色／舌状花は雌性　筒状花は両性　●葉：茎葉は薄くかつやわらかく羽状に深裂ー全裂　裂片は4－6対／両面まばらに毛がある　●茎：30-120㌢　撮影：2014年6月25日

74

コラム 〈キク科の花〉

　飯縄山登山道にはキク科の花がたくさん生育しています。キク科の花はどのようなつくりになっているのでしょう。
　キク科の花は多数の小さな花（小花）が花床の上に並び、複数の総苞片に包まれ、頭花を構成します。総苞片は1〜数列で総苞を構成します。小花は舌状花、または花冠裂片が5（まれに3-4）裂する筒状花です。
　頭花には舌状花だけからなるもの、舌状花と筒状花からなるもの、筒状花だけからなるものがあります。
　シナノタンポポなどタンポポの仲間は、舌状花だけからなる頭花です。タンポポの花弁と見えるものを引き抜いてみると、おしべとめしべをもち、基部には将来果実となる部分の子房があり、1個の花としての形態をなしているのが分かります。舌状花冠は先に5歯があります。
　ノコンギクやシロヨメナ、シラヤマギクなどは、舌状花と筒状花からなる頭花です。ノコンギクの花では、まわりの淡青紫色のものは舌状花。中心部の黄色い部分は筒状花と呼ばれる小さい花の集

まりです。よく見ると筒形の花冠の先は5裂しており、その中央からおしべとめしべが突き出ています。小さいけれど、まさに1個の花なのです。管状花とも呼ばれます。

　ノアザミやノハラアザミなどアザミの仲間は、筒状花だけからなる頭花です。
　キク科の花の多くは花粉を昆虫に運んでもらう虫媒花（ヨモギ属やオナモミ属などは風媒花）です。一つひとつは小さく目立たない花が、多く集まって頭花というまとまり、集団をつくって昆虫を引きつけるのです。

スベスベまだら模様の幹肌

リョウブ 〔リョウブ科〕
落葉小高木

Clethra barbinervis

瑪瑙山登山道　西登山道　南登山道　一の鳥居苑地　大谷地湿原　霊仙寺山登山道
★丘陵帯〜亜高山帯下部

　　3　4　5　6　7　8　9　10　11　12月

樹皮は鱗片状にはがれ、落ちた痕は滑らかで、白色または薄い茶褐色－茶褐色の様々な色彩のモザイク状となります。花序は10－20㌢。小さな白色の花を密につけます。おしべは花弁よりやや長いです。花柱の先は3裂しています。果実は球形の蒴果で、次の年まで残ります。一の鳥居苑地には、たくさんの幼木が生育していました。

幹

おしべの葯はくさび形？

翌春になっても残る果実

Data ●花：白色／花弁は5個／おしべ10個　花柱1個／萼片は5個　●葉：倒卵状長楕円形／枝の先にやや集まってつく／互生／裏面脈上に毛がある／尖った鋸歯
撮影：2013年7月28日

高杯形の白色花冠
ミヤマイボタ 〔モクセイ科〕
落葉低木

Ligustrum tschonoskii var. tschonoskii

瑪瑙山登山道　西登山道　**南登山道**　一の鳥居苑地　大谷地湿原　霊仙寺山登山道
★山地の林内

　　　3　4　5　6　7　8　9　10　11　12月

白色の花が咲くと目立ちます。枝端にほぼ総状の円錐花序をつくりますが、花序も大小変異が多いようです。花冠は高杯形(こうはい)で、先が4裂し、裂片は披針形で尖ります。筒部は裂片の長さの1.5－2倍あります。おしべは2個で花筒(かとう)に着生します。果実はほぼ球形、紫黒色に熟します。同属のイボタノキの萼はふつう短毛があり、葉は全縁で鈍頭です。

果実

葉の先はとがっているよ。

Data ●花：白色／花冠は長さ6-7㍉／萼は低い4歯がある　無毛　●葉：卵状長楕円形－やや菱状卵形／対生／鋭頭／縁は全縁　●幹：1-3㍍　撮影：2014年7月13日

77

かぎ毛が密にある果実

タニタデ 〔アカバナ科〕多年草

Circaea erubescens

瑪瑙山登山道　西登山道　**南登山道**　一の鳥居苑地　大谷地湿原　霊仙寺山登山道
★山地の林下

　　3　4　5　6　7　8　9　10　11　12月

白色－淡紅色を帯びる2個の花弁。先はわずかに3裂します。萼裂片は赤色で2個。かぎ毛のある下位子房があります。花は小さくて見づらいですが、かぎ毛が密にある果実は目立ちます。果実は長倒卵形で、溝はありません。和名は谷に生育し、草の形がタデに似ているためといいます。似ているミズタマソウは花弁の先が2裂し、果実に溝があります。

花序

陽がさすとキラキラ光る果実の毛。

果実

Data ●花：総状花序／おしべ2個　花柱1個　●葉：長卵形－卵形／先は鋭尖形／対生／葉柄は紅色を帯びる　縁に低鋸歯がある　●茎：10-50㌢／節間基部は多少ふくらみ紅紫色を帯びる　撮影：2013年8月18日

茎や葉柄に鋭い刺

クマイチゴ 〔バラ科〕 小低木

Rubus crataegifolius

瑪瑙山登山道　西登山道　**南登山道**　一の鳥居苑地　大谷地湿原　霊仙寺山登山道
★低山帯の裸地・陽地

3　4　5　6　7　8　9　10　11　12月

葉は大型です。茎や葉柄には刺が多数あります。花序は総状またはやや散形で、（1－）3－6個の花をつけます。花弁は厚ぼったい感じです。花弁と花弁の間にはすき間があって、狭卵形の萼片がよく見えます。果実は球形の核果で、赤く熟します。和名は山中に生えているため、熊が食べるイチゴという意味であるとのことです。

花と昆虫

ほんとうに熊が食べるのかな？

小核果が集まった集合果

Data ●花：白色／花弁5個／萼片は鋭尖頭　外側は軟毛におおわれ　内側と縁には白毛が生える　●葉：広卵形－円形／3（－5）浅・中裂する　不規則な鋸歯をもつ／互生　●幹：1-2㍍　撮影：2014年7月6日

黄色の花

コケイラン 〔ラン科〕多年草

Oreorchis patens

瑪瑙山登山道　西登山道　**南登山道**　一の鳥居苑地　大谷地湿原　霊仙寺山登山道
★低山帯上部のやや湿った落葉樹林内

　　3　4　5　6　7　8　9　10　11　12月

多数の花を総状につけます。花は落葉樹林内で輝いて見えます。背萼片1個と側萼片2個、側花弁2個、唇弁からなります。観察したものは萼片が黄褐色、側花弁が淡黄色、唇弁は白色でした。唇弁は基部近くで3裂し、中裂片が大きく目立ちます。中裂片には紅紫色の斑点が入り、先端はフリルのように波打っています。両側の側裂片は披針形で鈍頭、小形です。

花序

スクッと伸びる姿が美しい。

Data ●花：黄褐色／総状につける／唇弁の中裂片はくさび状倒卵形で円頭　細歯牙がある　基部に2本の隆起線　●葉：披針形／ふつう2枚つく　●花茎：30-40㌢　撮影：2014年6月8日

紅色の花 黒紫色に熟す果実

クロイチゴ 〔バラ科〕 つる状小低木

Rubus mesogaeus var. mesogaeus

瑪瑙山登山道　西登山道　**南登山道**　一の鳥居苑地　大谷地湿原　霊仙寺山登山道
★低山帯上部の日当たりのよい草地・岩礫地

3　4　5　6　7　8　9　10　11　12月

斜面から登山道沿いに覆いかぶさるように枝が伸び、大きめの3出複葉の葉が広がっていました。葉柄には刺があります。花を観察すると、鋭く尖る5個の萼の裂片は斜上しています。開きかけた紅色の5弁花は鮮やかです。小核果は集まって球形となり、紅色を経て黒紫色に熟します。和名は実が黒く熟するからであるといいます。

花序

紅色の花びらは開ききらない。

小核果が集まった集合果

 Data ●花：淡紅色ないし紅紫色／花弁5個／萼片5個　外側と縁には軟毛が生え内側には綿毛が生える　●葉：花枝では3出複葉　今年枝では3出複葉または5枚の小葉をもつ羽状複葉／裏面には白毛が密生／互生／2重の欠刻状鋸歯　●幹：刺がある　撮影：2014年7月6日

星状毛のある葉
トウグミ 〔グミ科〕 落葉小高木

Elaeagnus multiflora var. hortensis

瑪瑙山登山道　西登山道　**南登山道**　**一の鳥居苑地**　大谷地湿原　霊仙寺山登山道
★山地

　　3　4　5　6　7　8　9　10　11　12月

実が似ているナツグミは展開して間もない葉の上面に、銀色の鱗片があります。トウグミは展開間もない葉の上面には、鱗片がなく早落性の星状毛があります。本種は星状毛が見られたのでトウグミと判断しました。花弁はなく、花弁に見えるのは萼です。萼は淡黄色で上部は大きく4裂し、卵形－広卵形の裂片は開花時に平開します。果実は長楕円形。赤く熟します。

萼筒

このグミ、だれが食べるのかな。

果実

星状毛

Data ●花：萼は淡黄色／萼の外面は銀色鱗片が密生し　その上に淡褐色の鱗片がごくまばらに生ずる／おしべ4個　●葉：楕円形－長楕円形／互生／全縁　●幹：2-4メートル
撮影：2015年6月7日

白色に変化する葉

マタタビ

〔マタタビ科〕落葉のつる性木本
雄株と両性花の株がある

Actinidia polygama

瑪瑙山登山道　西登山道　**南登山道**　一の鳥居苑地　大谷地湿原　**霊仙寺山登山道**

★山地(特に林縁)・原野・丘陵地

```
  3   4   5   6   7   8   9   10  11  12月
  |   |   |   |   |   |   |   |   |   |
              ━━━━━
```

枝の上部につく葉は、表面全体または先の方が白色に変化します。葉の表面は、はじめは緑色だったはず…。葉の裏を透かして見ると、表側の白色部分の裏側も、ほんのり透けた感じに見えますが、ほとんど淡い緑色でした。白色になる意味は何か。昆虫に花を教える役割なのでしょうか。果実は液果。長楕円形で先端はくちばし状に細くなり、橙黄色に熟し、多数の種子があります。

白色に変化する葉

白色は葉のお化粧!

表面が白色だった葉の裏

Data ●花:白色／花弁5個／芳香がある／萼片5個／おしべ多数　葯は黄色／花柱は多数　離生する　●葉:広卵形・楕円形—ときにやや長楕円形／互生／縁には尖った低平鋸歯　●幹:よく枝分かれする　撮影:2014年7月11日

83

お米みたいな小穂
コメガヤ〔イネ科〕
多年草

Melica nutans

瑪瑙山登山道　西登山道　**南登山道**　一の鳥居苑地　大谷地湿原　霊仙寺山登山道

★低山帯〜亜高山帯の林縁・林床

| 3 | 4 | 5 | 6 | 7 | 8 | 9 | 10 | 11 | 12月 |

こんな山の上に稲穂がある、と思わせるようなイネ科植物。線形の葉には筒形の葉鞘があります。花茎は細く繊細で、風によく揺れます。花序は総状に見えます。お米のような小穂を数個、やや下に傾くかまたは横向きにまばらにつけます。小穂は帯赤紫色または白緑色です。和名 "米茅"。小穂の外見が米粒に似ていることに由来するといいます。

小穂

> 雀も
> まちがえて
> しまいそう。

Data ●小穂：5−15個　長さ6-8㍉　楕円形／両性小花は2個　●葉：線形／長さ5-15㌢幅2-5㍉　●茎：20-50㌢／直立　撮影：2014年7月6日

Column Vol.6 コラム〈山頂付近の鳥たち〉

タカ科の鳥

チゴモズ

ヒガラ

瑪瑙山登山道
瑪瑙山
西登山道
霊仙寺山
飯縄山
南登山道
霊仙寺山登山道

イカル

ルリビタキ

ウグイス

果実に3個の翼

クロヅル 〔ニシキギ科〕別名ベニヅル
落葉つる性木本

Tripterygium wilfordii

瑪瑙山登山道　西登山道　**南登山道**　一の鳥居苑地　大谷地湿原　**霊仙寺山登山道**

★低山帯～亜高山帯下部　林縁・林内

　　3　　4　　5　　6　　7　　8　　9　　10　　11　　12月

今年枝は黄褐色から赤褐色で、低い稜（りょう）があります。花序は小さな集散花序が枝の先端に多数集まって円錐形となります。花柄は長さ6－8㍉で、中央より少し下に関節があります。子房は上位で3稜があり、基部は花盤（かばん）に囲まれます。翼果は3個の大きな翼をもち、先端と基部ともに凹みます。9－10月に赤褐色に熟します。

大きな翼のつく果実

秋の蔓は紅いよ！

Data ●花：緑白色／花弁5個　萼は5裂／おしべ5個　花盤の縁につく　花盤は淡黄緑－緑色　環状　●葉：卵形ないし卵円形または楕円形　長さ5-15㌢幅4-10㌢／互生／先は急鋭頭／縁に大きな低鋸歯　●幹：前年枝は濃紫褐色　撮影：2014年7月2日

長く張り出す4翼の果実
ヒロハノツリバナ
〔ニシキギ科〕
別名ヒロハツリバナ
落葉小高木

Euonymus macropterus

瑪瑙山登山道　西登山道　**南登山道**　一の鳥居苑地　大谷地湿原　霊仙寺山登山道
★低山帯上部〜亜高山帯下部

　3　4　5　6　7　8　9　10　11　12月

オオツリバナとの識別が難しいです。山頂尾根で2013年8月に発見した果実の蒴果は、4翼が長3角形に著しく発達していてヒロハノツリバナでした。南登山道では、一の鳥居苑地から駒つなぎの場の少し過ぎまではオオツリバナ、駒つなぎの場と天狗の硯岩中間の木は識別できません。西登山道はオオツリバナ、瑪瑙山登山道はヒロハノツリバナが生育するようです。

長い4翼の果実

果実の翼を見ると納得！

若い果実

Data ●花：淡黄緑色／集散花序／花は4数性　おしべ4個　●葉：倒卵形ないし倒卵状楕円形または長楕円形／縁に細鋸歯（参照：オオツリバナの花は5数性だが4数性のものも混じる。蒴果に低いが5翼または4翼がつく）　撮影：2015年6月7日

87

しわがある葉表
ツルツゲ 〔モチノキ科〕
地をはう常緑低木

Ilex rugosa var. rugosa

瑪瑙山登山道　西登山道　**南登山道**　一の鳥居苑地　大谷地湿原　霊仙寺山登山道
★亜高山帯～高山帯の林床

| 3 | 4 | 5 | 6 | 7 | 8 | 9 | 10 | 11 | 12月 |

葉の表面には脈がへこんでしわがあり、裏面は脈が隆起します。花は白色で小さいです。雌雄異株です。雄花序は花序軸の先に集散状に1－5個の花がつきます。雌花序は葉腋に1－3個の花がつきます。果実は球形で赤く熟します。径約6㍉です。和名の由来は、イヌツゲの仲間であって、つるになってはうことからきているそうです。

薄暗い岩と岩の間に赤い実。

雌花　（上〇写真は雄花）

果実

Data ●花：白色／花弁・萼片4個／雄花におしべ4個／雌花にめしべ1個（退化したおしべ）　●葉：狭長楕円形－長楕円形／厚い／互生／先はやや尖る／粗い鈍鋸歯　●幹：地をはう　長さ20-50㌢　撮影：2016年6月5日

3

西登山道の植物

西登山道を出発すると、道幅も広くゆるやかな道が続きます。30分ほど登ると鳥居があり、そこを過ぎると登山道は一変、急勾配できつく険しくなっていきます。岩もゴロゴロしていて、周りは広葉樹や針葉樹でうっそうとした雰囲気です。ここを登り切ると道は緩やかになり、涼風が吹き抜けます。ここまで来ると南登山道との合流点はもうすぐ。秋、ゆったりした登山道はブナやヒトツバカエデなど広葉樹の黄葉がシャワーのように降り注ぎます。ハウチワカエデやコハウチワカエデの紅葉も混じり合っています。落ち葉でいっぱいの秋色の登山道には、ミズナラどんぐりやブナの実がコロコロ落ちています。

下垂する花序
キブシ
〔キブシ科〕落葉低木
雌雄異株または雌雄同株

Stachyurus praecox

瑪瑙山登山道　**西登山道**　南登山道　一の鳥居苑地　大谷地湿原　霊仙寺山登山道

★低山の林縁　谷川沿い

| 3 | 4 | 5 | 6 | 7 | 8 | 9 | 10 | 11 | 12月 |

ふと見上げると、淡い黄色の花穂が何本も垂れ下がっています。前年枝の葉腋から下垂する総状花序には、黄色い鐘形のような花がいくつもついています。まるでかんざしのようです。両性花序や雌花序は雄花序よりもやや短いですが、花後にやや伸長して、果序はときに15㌢に達するものもあるようです。果実は緑色で熟すと黄褐色を帯びます。

花

花序は花のれん！

果実

Data ●花：淡黄色／鐘形／花弁4個／萼片4個／花は雄性　両性または雌性／おしべ8個／雌花にも小さく退化おしべ／雌花の花弁はやや帯緑色　●葉：円形・広卵形状円形－楕円形・卵形ときに狭卵形／互生／縁には鋸歯　撮影：2015年5月19日

90

大形の掌状複葉
トチノキ 〔ムクロジ科〕落葉高木

Aesculus turbinata

瑪瑙山登山道　西登山道　南登山道　一の鳥居苑地　大谷地湿原　霊仙寺山登山道
★低山帯の沢筋

3　4　5　6　7　8　9　10　11　12月

「おっ」と思うほどの大きな葉。長い葉柄もあります。観察したものは5－7枚の小葉からなる掌状複葉でした。花序は大きな複総状の円錐形、直立ぎみで多数の花をつけ、遠くからでもよく目立ちます。白色の花弁の基部には淡紅色の斑紋があります。果実は倒卵状球形の蒴果。熟すと3裂し、光沢ある赤褐色の種皮をもつ種子が現れます。

花序

トチの実に目と口を描いてごらん！

果実

Data ●花：白色／花弁4個／萼裂片5個／雄性または両性／おしべ7個／おしべは花弁より長い／花柱1個　●葉：小葉は倒長卵形・倒卵状長楕円形／中央のものが最大／対生／縁に鋸歯がある　撮影：2014年6月8日

91

基部は湾曲
チシマザサ 〔イネ科ササ属〕
別名ネマガリダケ

Sasa kurilensis

瑪瑙山登山道 **西登山道** 南登山道 一の鳥居苑地 大谷地湿原 **霊仙寺山登山道**
★低山帯～高山帯の林床・叢林

　　3　4　5　6　7　8　9　10　11　12月

地中には長く横走する地下茎があります。地上に出たタケノコは稈（かん）となり生長します。大群落をつくります。稈は基部が湾曲して斜上し、剛壮です。花序は稈の上方の節から側出して、葉とほぼ同じ高さにとどまるようです。冬季は積雪によって寒さと乾燥からも保護されるのです。稈の基部が弓状に曲がっているので"根曲り竹"というのだと思います。

稈の基部

筍の皮は指ノ形や鬼の爪！

Data ●花：小穂は披針形　●葉：披針状長楕円形／表面に光沢　裏面は灰白色を帯びる　中肋は太く、側脈もやや太い／革質で無毛　稈：1-3㍍／上部で分枝／硬くて弾力がある　撮影：2012年6月23日

Column Vol.7　コラム〈森の空気〉

　飯縄山への登山道は岩場もありますが、ほとんどがたくさんの木々におおわれた林や森の中の道を進んで行きます。林や森の中を通る時、そこに生育する木々の香りが漂ってきます。心地のよい香りです。時に甘いような香りであったり、時にすがすがしくなる香りです。同じ場所を通るたびに、以前に通った時と同じ香りがする時もあります。木々の香りを浴びるとなぜかは分かりませんが、さわやかな気分、快さや安らぎを感じてきます。
　これは、林や森の樹木から発散されるフィトンチッドによるのではないかと思われます。
　フィトンチッドとは『広辞苑　第七版』によりますと、樹木などが発散する化学物質。細菌などの微生物を抑制する作用をもつとのことです。
　最近の研究で、フィトンチッドは人間の身体によい効果をもたらすとのことですが、これについての研究は、今後さらに進められていくものと思われます。
　林や森の樹木は不思議な力を秘めています。
　飯縄山登山道は、野生の草花の可憐さや美しさや木々の緑と出会い、小鳥の声や木々をわたる風の音を聞き、フィトンチッドを豊富に浴びながら登る登山道なのです

緑の枝や葉

ヒメアオキ 〔アオキ科〕常緑低木 雌雄異株

Aucuba japonica var. borealis

瑪瑙山登山道　西登山道　南登山道　一の鳥居苑地　大谷地湿原　霊仙寺山登山道

★低山帯　北海道西南部から本州日本海側の多雪地帯

| 3 | 4 | 5 | 6 | 7 | 8 | 9 | 10 | 11 | 12月 |

丈は低く幹は斜上して、枝もいろいろな曲がり方をしています。これは冬の積雪に適応するため。11月下旬に緑色だった果実は雪解けの早春、光沢のある濃い緑色の葉の中に、赤く色づいていました。果実はいつ赤く熟したのでしょう。不思議です。5月下旬には、赤い果実の隣に今年の花芽（かが）が開きかけていました。花色は紫褐色、あまり見かけない花色です。

雌花序　（上○写真は雄花序）

> 赤く光沢のある楕円形の実。

Data ●花：紫褐色／花弁4個／雄花序は大きく　おしべは4個／雌花序は小さく　めしべは黄緑色／若芽や花序の伏毛がやや多い　●葉：狭倒卵形ないし倒卵形・長楕円形／アオキより小型／革質で光沢がある／対生／粗い鋸歯がある　撮影：2016年6月5日

濃緑色の葉　真っ赤な実

ツルシキミ〔ミカン科〕
別名ツルミヤマシキミ　常緑低木

Skimmia japonica var. intermedia f. repens

瑪瑙山登山道　**西登山道**　南登山道　一の鳥居苑地　大谷地湿原　**霊仙寺山登山道**

★低山帯　北海道・本州(東北地方・中部地方以西の日本海側に多い)・四国・九州

3　4　5　6　7　8　9　10　11　12月

茎の下部は地上をはい、斜上します。積雪に適応しているのでしょう。雄花は白色の小さな花がかたまって、たくさんついています。雌花もかたまってついていますが、雄花と比べると花の数は少なくまばらです。観察した子房はほぼ球形、緑色でした。花柱は太く、先は4裂していました。真っ赤に熟した果実は球形の核果です。

雌花序　（上○写真は雄花序）

雄花序はまんまるブーケのようだ。

Data ●花：白色／花弁4個　●葉：長楕円形／厚い／茎の上方に集まってつく／表面は光沢がある／全縁　●幹：30〜100㌢　撮影：2013年9月22日

95

古い葉と新しい葉
エゾユズリハ

〔ユズリハ科〕常緑低木
雌雄異株まれに同株

Daphniphyllum macropodum var. humile

瑪瑙山登山道　西登山道　南登山道　一の鳥居苑地　大谷地湿原　霊仙寺山登山道

★低山帯　北海道・本州(中北部のおもに日本海側)に分布ふつう多雪地の林下に生える

株元から複数の幹が斜上し、枝は柔軟でしなります。緑艶やかな葉と赤みのある葉柄が目をひきます。観察した雄花のおしべは淡い紅色を帯びていました。雌花は子房が狭卵形、花柱は紅色で短く、先端が外側に反り返ります。果実はわずかにゆがんだ卵形の核果。黒っぽい藍色に熟します。"譲り葉"の名は、新葉が出てから古い葉が落ちるためといわれます。

雌花序　（上〇写真は雄花序）

花柱の先はピンクの花びらのよう。

先端に花柱が宿存する果実

Data ●花：花序は腋生し総状　●葉：楕円形・倒卵状長楕円形／長さ 9-15㌢／互生／表面は無毛でやや光沢がある　裏面は白色を帯びる／先は短い鋭形／全縁　●幹：1-3㍍　撮影：2014年5月18日

コラム〈常緑広葉樹〉

冬期積雪の中でも、葉は緑々しているヒメアオキやエゾユズリハ、ユキツバキたち。落葉しないで一年中緑色をした葉をつけている樹木、常緑広葉樹です。

常緑広葉樹は寒い雪の中でも葉を落としません。不思議です。

樹によって違いはありますが、常緑広葉樹の葉は落葉広葉樹の葉と比べて、それぞれの葉は革質で厚めだったり、硬かったり、葉の表面はつやつやの光沢があったり、裏面に毛があったりしています。これらのそれぞれの葉の形状は、寒さや積雪から身を守る要素になっていると思われます。

また例えば、ハクサンシャクナゲの葉は厳冬期、葉を裏側に巻き込んで細い棒状のようになり垂れ下がります。葉を巻き、筒状に丸まり露出面積を小さくします。筒状になることで、葉の織り込まれている部分は寒さや乾燥、積雪から守られるのです。このように常緑広葉樹の葉は形状を変化させることによっても、寒さや積雪から身を守っているのです。

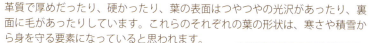

それぞれの常緑広葉樹の葉はそれぞれに、寒さや積雪にうまく適応できる形態で、厳冬を乗り越えていくのです。

飯縄山登山道の常緑広葉樹は比較的樹高が低くて、積雪の中に埋まっている樹木が多いように思います。長い年月をかけ、積雪に埋まるにちょうどよいくらいに小型化してきたのでしょう。幹や枝も積雪に対してしなやかで、復元力があるように適応してきたのではないかと思います。葉も幹も枝も、厚い雪のおかげで凍りつくことはありません。乾燥することもありません。積雪に守られて冬を越し、春を待ちます。

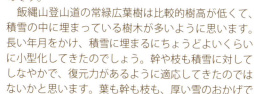

葉腋に胞子嚢

ホソバトウゲシバ 〔ヒカゲノカズラ科〕シダ植物 常緑性 多年生草本

Huperzia serrata var. serrata

瑪瑙山登山道　西登山道　南登山道　一の鳥居苑地　大谷地湿原　霊仙寺山登山道
★低山帯〜亜高山帯の樹林下

　　　　　3　4　5　6　7　8　9　10　11　12月

針葉樹の幼木のようにも、草本にも見える植物。茎は基部で斜上しながら又状に分枝して直立します。上部でも分枝し、先端に無性芽(むせいが)をつけ、栄養繁殖を行うそうです。胞子嚢は葉腋に1個ずつ生じます。腎臓形で白黄色。和名"峠柴"は峠付近の山地に生ずる小形の草、または針葉樹のヒバに類する植物の意味、葉の様子を塔に見立てたとする別の説もあるようです。

胞子嚢

胞子のうは二枚貝のようだね。

雪の中でも生育

Data ●胞子嚢は横に裂けて胞子を出す　●葉：葉は細く下向きにつく／先端は鋭頭／縁に不規則な鋸歯がある　●茎：10-20㌢　撮影：2013年4月5日

葉も花も大きい
ホオノキ 〔モクレン科〕落葉高木

Magnolia obovata

瑪瑙山登山道　西登山道　南登山道　**一の鳥居苑地**　大谷地湿原　霊仙寺山登山道

★低山帯以下

　　　3　4　5　6　7　8　9　10　11　12月

長さ20－40㌢の大きな葉。遠くからでもすぐ分かります。葉が開いた後に咲く黄色を帯びた白色の花は、径15㌢ほどでこれまた大型。上向きに開き、芳香があります。花は高い梢につき、なかなか見ることができません。花の中には、おしべとめしべが多数あり、花床の上につきます。おしべの花糸は赤色、葯は黄白色。集合果は長楕円体状、多数の袋果を密につけます。

おしべ(回り)　めしべ(中央)

大きな葉に浮かぶように咲く花。

おしべの落ちた後のめしべ

Data ●花：花被片は9－12枚　外側の3枚(しばしば萼片と呼ばれる)は淡緑色で赤色を帯び短い　内側の6－9枚は倒卵形　黄白色　●葉：倒卵形・倒卵状長楕円形／幅10-25㌢／枝の上方に集まってつく／全縁で鈍頭　撮影：2015年5月31日

よく分枝する細い茎

シロバナニガナ 〔キク科〕 多年草

Ixeridium dentatum var. albiflorum f. leucanthum

瑪瑙山登山道　西登山道　南登山道　一の鳥居苑地　大谷地湿原　霊仙寺山登山道

★疎林内・林縁・草地・岩場など

| 3 | 4 | 5 | 6 | 7 | 8 | 9 | 10 | 11 | 12月 |

茎は細く、よく分枝しています。分枝した枝先のほとんどに白い頭花がつき見応えがあります。昆虫もしきりに訪花しています。観察したものは頭花の小花の数が9－11個でした。シロニガナの小花は5－7個です。シロバナニガナは登山道の山頂に近づくにつれて生育し、シロニガナは比較的標高の低い所に生育しているように思われます。果実は痩果。

訪れたハナアブ

（白い花が涼をさそうよ。）

シロニガナ

Data ●花：白色／小花は舌状花　●葉：茎葉は長楕円状披針形／鋭頭／基部は茎を抱く／基部は心形／互生　●茎：40㌢前後　撮影：2014年7月21日

Column Vol.9

コラム
〈タネは誰に運ばれるの？〉
— 種子の散布 —

糞

風

アリ散布

エライオソーム大好き

人や動物にひっつく

貯食

ポトン

重力

自動
パチン
とぶ

雨水や流水

紅紫色の狭鐘形花冠

ウラジロヨウラク 〔ツツジ科〕
落葉低木

Rhododendron multiflorum var. multiflorum

瑪瑙山登山道　西登山道　南登山道　一の鳥居苑地　大谷地湿原　霊仙寺山登山道
★林縁や湿地

| 3 | 4 | 5 | 6 | 7 | 8 | 9 | 10 | 11 | 12月 |

花序は頂生して、3－10個の花が束状に下垂します。花冠は長さ11－14㍉、狭鐘形で先はやや狭まり、紅紫色です。観察したものは基部の色が薄く、上部は濃くなっていました。萼は5裂し、裂片は円形〜広線形で長さ1－9㍉。西登山道には萼裂片の長いものと短いものが生育していました。果実は蒴果。球形または卵状球形で5裂します。

長い萼裂片

花は
ピンクの
シャンデリア！

短い萼裂片

Data ●花：紅紫色／花冠の外面は無毛　筒部内面に短毛を密生　先は5裂／おしべは10個／萼の縁に腺毛が散生　●葉：楕円形・倒卵形／互生／枝の先に集まり輪生状につく／縁は全縁で毛がある　●幹：1-2㍍　撮影：2012年6月23日

102

白色の花冠　果実に毛

チョウセンカワラマツバ 〔アカネ科〕
多年草

Galium verum subsp. asiaticum var. trachycarpum f. album

瑠瑠山登山道　**西登山道**　南登山道　**一の鳥居苑地**　**大谷地湿原**　雲仙寺山登山道
★山地の草原

3　4　5　6　7　8　9　10　11　12月

茎の先や上部の葉腋から花枝を伸ばして円錐状の集散花序をつくり、多数の小さな白色の花が密についています。本種は白色の花をつけるのでカワラマツバかと思いましたが、果実を観察すると、毛が生えています。カワラマツバの果実は無毛とのことなので、チョウセンカワラマツバと識別しました。果実に密に毛が生え、花が黄色のものはエゾノカワラマツバです。

毛のはえる果実

カラマツの葉みたいだね！

Data ●花：白色／花冠は4裂　キバナカワラマツバは花が淡黄色で果実は無毛
●葉：線形／8〜10枚が輪生／先端に短い刺がある／縁はやや裏側に反る　●茎：30〜80㎝／毛が生える　撮影：2013年9月22日

花穂に扁円形の苞

ナギナタコウジュ〔シソ科〕一年草

Elsholtzia ciliata

瑪瑙山登山道　**西登山道**　南登山道　一の鳥居苑地　大谷地湿原　霊仙寺山登山道
★山地の道ばた

3　4　5　6　7　8　9　10　11　12月

秋、ふと目にとまる花で、一種独特の匂いがします。淡紅紫色の花穂は、花が一方に偏ってつき、なぎなた状にやや反り返っています。花の下には扁円形の苞があり、花穂に段々になってついています。観察すると、大きい苞には5個のつぼみが入っていました。花穂の先端にいくほど苞は小さくなり、それぞれの苞から咲き出る花も4－1個と少なくなっていました。

扁円形の苞

花穂は歯ブラシのよう。

苞の裏

訪れた昆虫

Data ●花：花冠は淡紅紫色　やや唇形　外面に毛がある／萼は5裂　裂片の先は尖り　毛がある／おしべ4個　わずかに花外に突き出る　●葉：卵形－狭卵形／対生／鋸歯がある　●茎：15-60㌢／四角／軟毛がある　撮影：2013年9月22日

104

4

瑪瑙山から飯縄山頂までの登山道の植物

戸隠スキー場駐車場からゲレンデを登る登山道。20分ほど行くと、登山道は二手に分かれます。右手はゲレンデを行く登山道が続きます。左手は、こんもりした広葉樹林の中を歩く登山道となり、春にはヤマエンゴサクやサワハコベなど可憐な花が咲いています。登りきると、ゲレンデからの登山道と再び合流。ゲレンデの登山道を一気に登ると、そこは標高1748メートルの瑪瑙山山頂。目前に飯縄山が大きく聳え立っています。瑪瑙山山頂から飯縄山へ。一度下りきって少し進むと、2本のブナの木がアーチをつくるように生育しています。ここからは徐々に急勾配の登山道となり、いよいよ飯縄山に入って行きます。この登山道ではトガクシコゴメグサやアカモノ、大岩に生育するイワキンバイなど高山の花々と出会えます。山頂までの登山道は秋、ミネカエデなどの広葉樹で黄葉に彩られます。

粘る総苞

ノアザミ 〔キク科〕多年草

Cirsium japonicum var. japonicum

瑪瑙山登山道　西登山道　南登山道　一の鳥居苑地　大谷地湿原　霊仙寺山登山道
★低山帯〜亜高山帯の草原

3　4　5　6　7　8　9　10　11　12月

葉には鋭い刺が多いです。頭花は筒状花からなり、単生するか2-5個が散房状にまばらにつき、直立して咲きます。総苞は鐘形。総苞片は外片が短く、先に短い刺針があって直立し、6-7(-9)列で圧着しています。腺体は狭披針形-線形ですべての総苞片にあるとのこと。総苞は著しく粘ります。腺体はときに退化的で、総苞は粘らないこともあるとのこと。

粘る総苞

昆虫がたくさん蜜を求めにくるよ。

葉

白色のアザミ

Data ●花：紅紫色　●葉：根出葉はふつう花時にも生存　茎葉は基部が茎を抱く／刺がある　●茎：0.5-1㍍(ときに2㍍になる)／単純あるいは中部以上で分枝／くも毛と褐色の毛が密生するかまたはまばらに生え、ときに無毛となるなど有毛性には変異の幅が広い　撮影：2016年6月20日

淡青紫色の舌状花　黄色の筒状花

アズマギク〔キク科〕多年草

Erigeron thunbergii subsp. thunbergii

瑪瑙山登山道　西登山道　南登山道　一の鳥居苑地　大谷地湿原　霊仙寺山登山道
★乾いた草原

| 3 | 4 | 5 | 6 | 7 | 8 | 9 | 10 | 11 | 12月 |

茎の先に径3㌢ほどの頭花が1個ついています。回りの舌状花は狭長で、先端は尖り気味。ふつうは淡青紫色です。たくさんつく舌状花は、3列になっているようです。中央の黄色の筒状花もたくさんついています。舌状花の淡青紫色と、筒状花の黄色によるコントラストが目を引きます。果実は痩果。狭長楕円形で冠毛があります。

若い頭花

毛がいっぱい！

Data ●花：頭花は径 3-3.5㌢／総苞は半球形　総苞片は3列　背部に軟毛がある
葉：花茎の葉は狭長楕円形・線形　縁に軟毛がある／互生　●花茎：10-37㌢／密に毛がある　撮影：2015年5月31日

107

立つ茎

タチコゴメグサ 〔ハマウツボ科〕
一年草

Euphrasia maximowiczii var. maximowiczii

瑪瑙山登山道　西登山道　南登山道　一の鳥居苑地　大谷地湿原　霊仙寺山登山道
★低山帯の日当たりのよい草原

　3　4　5　6　7　8　9　10　11　12月

見つけた時はトガクシコゴメグサが咲いているのかと思いました。よく見るとどの茎も立ち姿。タチコゴメグサでした。上部の葉腋ごとに1花をつけています。花冠は唇形。上唇はしばしば淡紫色を帯び、先は2裂します。下唇は3裂し、中央に黄色の斑点があります。萼は筒形、上下に半ばまで裂け、さらに左右にやや浅く2裂し、裂片の先は鋭く尖ります。果実は蒴果。

花序

ギザギザ葉っぱは小鳥の羽のよう！

Data ●花：白色　紫色の条がある／下唇は上唇とほぼ同長　●葉：卵円形／上部の葉や苞葉は先が芒状に尖る／縁に4－7対の鋭く尖った鋸歯　●茎：15-30㌢／直立／少数の枝を出す　撮影：2014年9月7日

春に見られるシダ植物

ヒロハハナヤスリ 〔ハナヤスリ科〕
シダ植物　多年生草本

Ophioglossum vulgatum

瑪瑙山登山道　西登山道　南登山道　一の鳥居苑地　**大谷地湿原**　霊仙寺山登山道
★低山帯の林下

　3　4　5　6　7　8　9　10　11　12月

広卵形の葉を見つけ、カタクリの葉かなと思って近寄ってみましたが、そうではありません。ヒロハハナヤスリでした。シダ植物です。夏にも探してみましたが見つかりませんでした。5月頃から葉を展開し、夏には枯れてしまうのだそうです。栄養葉と胞子葉があります。栄養葉は幅広く広卵形。基部が胞子葉の柄を包む形となります。

胞子葉を包む栄養葉

シダ植物とは思えない葉。

Data ●栄養葉：広卵形−広披針形／長さ10-20㌢　●胞子葉：柄がある／胞子嚢は成熟すると横に裂ける　撮影：2014年6月8日

109

黄色い内皮

キハダ 〔ミカン科〕
落葉高木

Phellodendron amurense var.amurense

瑪瑙山登山道　西登山道　南登山道　一の鳥居苑地　大谷地湿原　雲仙寺山登山道
★低山帯

3　4　5　6　7　8　9　10　11　12月

樹皮は灰褐色ないしは黒褐色、樹皮の内皮は黄色です。雌雄異株です。枝先に散房花序を伸ばし小さな黄緑色の花を多数つけます。冬芽は葉柄の基部に包まれ秋に葉が落ちると現れます。葉柄内芽です。半球形状の冬芽には芽鱗が2枚が見えます。葉痕がU字のような形で冬芽をぐるりと取り囲んでいました。果実は核果。球形で径約1㌢、黒色に熟します。葉は奇数羽状複葉。

雌花　（上○写真は雄花）

昔から薬や染料に利用されてきたようだ

葉柄内芽

左　樹皮
右　果実

Data ●花：黄緑色／花弁は5個／萼は小さく皿形で5裂／雄花は5個のおしべ　●葉：小葉は5−13枚　卵形−卵状長楕円形／対生／先は尖る／基部はややゆがんだ円形・鈍形／細かな鈍鋸歯　●幹：樹皮にはコルク層が発達する　撮影：2016年6月10日

110

コラム 〈コテングクワガタ〉

　草丈4㌢ほど。白色から淡い青紫色の花冠、径3㍉ほど。目を凝らさないと見過ごしてしまいそうな植物。9月も下旬。ここは登山道、砂利道。人に踏まれたらひとたまりもない環境だ。

　でも大丈夫。この植物の周りは、かぼちゃ大の石がとり巻いている。人の靴はこの石を避けるか石と石とを踏んで行く。石に囲まれたわずかなすき間。この中にいれば、人の靴には踏まれずにすみそうだ。風や寒さも防げそう。うまい場所に生育しているものだ。
　萼は深く4裂。花冠は広く開いて4裂。上側の裂片は濃青色の筋が入っている。側裂片にもやや薄い青色の筋が入っている。角のように突き出す2個のおしべ、葯は淡い水色。花柱は伸び、ややふくらむ柱頭はほんのり紅色。オオイヌノフグリに似た花です。
　テングクワガタかなと思ったのですが、ルーペで見ますと花柄には上向きに伏した短毛があるものの長軟毛はありません。テングクワガタの花柄には長軟毛と短毛が生えるとのことですので、テングクワガタではありません。この植物はコテングクワガタでした。

　コテングクワガタはヨーロッパの低山地の原産で帰化しているとのことです。テングクワガタより全体に小型。対生する葉はちょっと厚めに見え卵形または楕円形、大きいものは長さ10㍉ほど、縁には不明瞭な鋸歯。蒴果は平たい倒心形、先はへこんでいました。
　地面に張り付くようにはう茎。緑色の葉はみな、空を向いている。砂利や石が多い土壌。こんな環境の中、環境をうまく利用して生きているこの小さな植物の生きる知恵と戦略、すごいです。

イヌコウジュに似る花

ヒメジソ 〔シソ科〕 一年草

Mosla dianthera

瑪瑙山登山道　西登山道　南登山道　一の鳥居苑地　大谷地湿原　霊仙寺山登山道
★山地の湿った林縁など

　　　3　4　5　6　7　8　9　10　11　12月

花冠は淡紅色か花筒部が白色で、裂片は帯紅色。観察した花時や果時、萼は上唇が浅く3裂、下唇は深く2裂し、まばらに毛がありました。よく似ているイヌコウジュとは次の点などで見分けられます。①葉の鋸歯：ヒメジソは4－6対、イヌコウジュは6－13対で低い②上萼歯（萼上唇の裂片）：ヒメジソは鈍頭、イヌコウジュは鋭く尖ります。どちらも果実は分果。

鈍頭の上萼歯

> 茎は四角いよ。

Data ●花：唇形　●葉：卵形－広卵形／対生／葉柄がある　●茎：20-70㎝／直立し分枝する／4角　節に白毛がある　撮影：2014年9月10日

112

花序をつけた側枝に葉

ウワミズザクラ 〔バラ科〕落葉高木

Padus grayana

瑪瑙山登山道　西登山道　南登山道　一の鳥居苑地　大谷地湿原　霊仙寺山登山道

★山野　日当たりのよい谷あい・沢の斜面を好む

3　4　5　6　7　8　9　10　11　12月

今年枝の先に、多数の花をつけた総状花序を出します。花序は長さ8－10㌢ほど。ブラシのようで、一見するとサクラのようには思われない形をしています。花は径約6㍉。おしべは多数あり花弁より長く、超出します。花序をつけた側枝には葉がつきます。果実は卵円球形。名は、古来この材の上面に溝を彫り、亀卜（きぼく）に使ったことによるといわれています。

熟して赤色から黒紫色になる果実

赤と黒紫　二色効果で　小鳥もくるよ。

熟した果実

皮目

Data ●花：白色／花床筒は鐘形　長さ約2.5㍉　●葉：長楕円形／互生／先は長い鋭尖形／基部は円形／細く鋭い鋸歯　●幹：樹皮は暗紫褐色／横に長い皮目が目立つ
［イヌザクラは花序をつけた側枝に葉がない］　撮影：2014年6月8日

113

舌状の苞
シナノキ 〔アオイ科〕落葉高木
Tilia japonica var. japonica

瑪瑙山登山道　西登山道　**南登山道**　一の鳥居苑地　大谷地湿原　霊仙寺山登山道
★低山帯の沢筋に多い

　3　4　5　6　7　8　9　10　11　12月

葉腋から出る柄のある花序には、狭長楕円形で舌状の苞が1枚ついています。葉のような苞は、中部以下が花序の軸と合着しています。径約5㍉の球形の果実が熟すと、果序についている苞もいっしょに枝から離れます。苞が翼となって回転しながら新たな地へと飛んでいきます。樹皮の繊維は強く、布や綱として重用されたといいます。

苞がついた果実

> 花の香りに誘われハチがブンブン！

Data ●花：黄色／集散花序／花弁・萼片5個／おしべ多数／苞は長さ1.5-2㌢の柄がある／苞の長さは花時に3-6㌢　果時に10㌢ほどになる　●葉：ゆがんだ円形・ゆがんだ広卵形／基部はややゆがんだ心形／鋭い鋸歯　撮影：2013年8月7日

5枚の小葉からなる掌状複葉

コシアブラ 〔ウコギ科〕
落葉高木

Chengiopanax sciadophylloides

瑪瑙山登山道　西登山道　南登山道　一の鳥居苑地　大谷地湿原　霊仙寺山登山道

★人里・低山帯〜亜高山帯の林縁・林内

3　4　5　6　7　8　9　10　11　12月

すらっと高く伸びる樹形、灰白色でなめらかな幹肌。ミズナラなどの広葉樹林の中にあっても目立ちます。長い葉柄の先に5枚の小葉からなる大型の複葉がつきますが、展葉前の新芽から見ると、こんな大きな葉だとは想像が及びません。小葉は秋に白クリーム色に黄葉します。黒紫色に熟す果実は扁平な球形、たくさんの実をつけます。

花序

大木になるよ！

果実

樹皮

Data ●花：黄緑色／散形花序／花弁5個／萼筒は鐘形　先は広3角形の5片に浅く裂ける　●葉：掌状複葉／小葉は倒卵形－倒卵状長楕円形／互生／縁に先が芒状に尖った浅い鋸歯　撮影：2013年8月7日

飯縄山登山道のブナ

ブナ 〔ブナ科〕別名シロブナ
落葉高木

Fagus crenata

瑪瑙山登山道　西登山道　南登山道　一の鳥居苑地　大谷地湿原　霊仙寺山登山道

★北海道・本州・四国・九州に分布し土壌の厚い山地に生える

　　　3　4　5　6　7　8　9　10　11　12月

瑪瑙山登山道のスキーゲレンデの沢沿いに高く太い木が何本も見られ、左脇道登山道沿いにも高く太いブナ林があります。瑪瑙山から飯縄山側へ下った上り返しの入口に太い木2本。そこからは若木が生育します。飯縄山では、南登山道に径10㌢程の2本、西登山道は鳥居までに太く高い木が、尾根手前まで若い木が生育します。霊仙寺山登山道も高く太い木があります。

雌花序（上右）　雄花序（下左）

雪解けを待って葉も花も開くよ！

花柱は3個

果実

Data ●花：雄花序は新枝下部の葉腋に数個つき　頭状で下垂／雌花序は頭状で新枝の上部の葉腋について上向する　●葉：卵形・菱状卵形／互生／側脈は7－11対／縁に波状の鈍い鋸歯　●幹：樹皮は灰白色・暗灰色　しばしば地衣類が着生し多様な斑紋を生じる　撮影：2015年5月9日

コラム〈ブナ〉

　2015年5月9日の瑪瑙山登山道。冬芽が開いたブナ。若葉の中に雄花序と雌花序が出ていました。

　雌花序の総苞は径約1㌢で、中に2花があり、背部に多数の線形の鱗片を生じます。花柱は3個、線形、淡紅色で反り返ります。総苞(殻斗(かくと))は果期には木質となり、熟すると4つに裂開し、中から堅果が2個現れます。堅果は長さ1.5㌢ほどで3稜のある狭卵形、赤褐色をしています。種子は栄養分を蓄え、クマなど野生動物たちのごちそうにもなります。

　2015年9月5日、瑪瑙山登山道。殻斗が茶褐色に色づき始めていました。枝の先には、すでに芽ができています。長楕円形で先は尖る。来春の新芽です。

　冬の芽、厳しい冬を生き抜いていきます。

　　　冬に蓄えた力が、一気に弾ける春。この冬芽の中から若葉が生まれ、雄花序も雌花序も生まれます。そして新枝は伸び、青々とした緑の鮮やかな葉が茂ります。秋には殻斗に守られた堅果そして種子がしっかりと育ちます。あの小さな冬芽のどこにこんなにもすごい生命が秘められていたのでしょう。不思議です。驚き、感動です。

長く伸び出すめしべとおしべ
カリガネソウ 〔シソ科〕多年草
Tripora divaricata

瑪瑙山登山道　西登山道　南登山道　一の鳥居苑地　大谷地湿原　霊仙寺山登山道

★山地の林縁

| 3 | 4 | 5 | 6 | 7 | 8 | 9 | 10 | 11 | 12月 |

おしべとめしべの花柱の姿が独特です。花冠の中心から上側の花冠裂片に沿うように長く伸びて突き出し、途中でくるりっと弧を描くように下向きに湾曲しています。おそらく、吸蜜に訪れたマルハナバチなど昆虫の背中におしべの花粉をつけるため、もしくは昆虫の背中についた他花の花粉を、めしべの花柱の先につけるためと思われます。強い臭気があります。

花外に長く突き出しためしべとおしべ

和名は花を雁（カリガネ）に見立てたんだって！

マルハナバチの背につく花柱

分果

Data ●花：青紫色／頂生および腋生の集散花序にまばらに花をつける／長さ8-10㍉の花筒がある　2唇形で上唇は2裂　下唇は3裂し中央裂片は特に大きい／萼は鐘形で5裂する　●葉：広卵形／対生／先端は尖る／鋸歯がある　●茎：1㍍内外／4角　撮影：2013年8月7日

深い心形の葉の基部
ミヤマスミレ 〔スミレ科〕多年草

Viola selkirkii

瑪瑙山登山道 西登山道 南登山道 一の鳥居苑地 大谷地湿原 霊仙寺山登山道
★亜高山帯の林内

3 4 5 6 7 8 9 10 11 12月

紅紫色が目立つスミレ。唇弁に濃い紫色の筋があります。葉は先が急に短く尖る卵円形。深く湾入した基部側の葉の両端はくっつき加減で、重なったものも見られます。一面に群生したり、何株もが一直線に生育したりします。開花後に細い地下匐枝を伸ばし新苗をつくることによるのではないかと思われます。葉表面の脈沿いに白斑のあるものはフイリミヤマスミレです。

側弁の基部は無毛

斑入りの葉っぱもあるよ！

フイリミヤマスミレ

Data ●花：紅紫色・淡紫色／萼片は披針形／側弁の基部は無毛／距は長さ6-8㍉
●葉：卵円形－広卵形／基部は深い心形／浅緑色／質は薄い／葉柄3-10㌢／波状で粗い鋸歯 ●茎：3-10㌢ 撮影：2014年5月18日

119

白色から紅色に変化する葉

ミヤママタタビ 〔マタタビ科〕
落葉のつる性木本　雌雄異株

Actinidia kolomikta

瑪瑙山登山道　西登山道　南登山道　一の鳥居苑地　大谷地湿原　霊仙寺山登山道
★低山帯上部の渓谷部

3　4　5　6　7　8　9　10　11　12月

枝の上部につく葉の表面は、先から半分またはそれ以上が白色になり、花が終わるころには紅色を帯びるとのこと。遠くからだと、こんもりとした葉の中で、白色や紅色に染まった部分は花のようにも見えます。昆虫への合図なのでしょうか。表面が紅色になった部分の裏側を観察すると、ほんのわずか茶褐色または淡緑色を帯びていました。果実は長楕円形の液果。

雄花（左）　雌花（右）

ピンクの葉が目印。

右：枝にとまるクワガタ
上：紅色を帯びた葉

葉の裏側

Data ●花：白色／花弁5個まれに4個／萼片5個まれに4個／おしべ多数　花柱は多数　離生する　●葉：倒卵形・広卵形・楕円形／互生／先は急に突出して短鋭尖頭／基部は多少心形まれに円形／葉柄がある／細鋸歯　撮影：2013年7月15日

120

青色系の装飾花

エゾアジサイ 〔アジサイ科〕
落葉低木

Hortensia cuspidata f. yesoensis

瑪瑙山登山道　西登山道　南登山道　**一の鳥居苑地**　大谷地湿原　霊仙寺山登山道
★低山帯

3　4　5　6　7　8　9　10　11　12月

ふつう多雪地域に生育するアジサイです。花序は中央に小さな普通花がたくさんつき、萼片が大型化して花弁状となった装飾花が取り囲んでいます。観察した普通花は、花弁が淡い青色で5個ありました。回りの装飾花は、きれいな青色－淡青色です。ふつう菱状円形で、縁の回りが全縁のものと鈍鋸歯縁のものがありました。果実は蒴果です。

普通花　（上〇写真は装飾花）

装飾花の中央

よく見ると、装飾花の中央にも花弁・おしべ・めしべがあるよ！

Data ●花：散房状集散花序／装飾花の花弁状萼片は 3-5 個　●葉：広楕円形・卵状広楕円形／対生／有柄／先は尾状鋭尖形／基部はやや切形・くさび形　●幹：1-1.5 メートル　撮影：2014年8月2日

121

散形の花序

ウド〔ウコギ科〕多年草
Aralia cordata

瑪瑙山登山道　西登山道　南登山道　一の鳥居苑地　大谷地湿原　霊仙寺山登山道
★低山帯〜亜高山帯下部の林縁・谷沿いの草地　山野

　　　3　4　5　6　7　8　9　10　11　12月

春、薄紫の芽が土から顔を出します。生長力が旺盛で、柔らかそうだった芽も、初夏には茎が太くなり、丈約1.5㍍にもなるものもあります。散形花序が複総状に集まり、大きな花序になります。花序にはたくさんの小さな花がつきます。秋には球形の液果が黒紫色に熟します。互生する大きく広い葉は2回羽状複葉です。小葉は卵形−長楕円形です。

散形の花序

香りが強いよ！

黒紫色の果実

Data ●花：淡緑色／花弁5個／おしべ5個／花柱5個／花柄には褐色の綿毛が密生／萼歯牙は3角形　葉：長い柄／小葉の先は鋭尖形　短毛がある　縁に細鋸歯／葉柄基部に小托葉がある　●茎：1-1.5㍍／短毛が生える　撮影：2013年6月30日

羽状深裂する葉
ヒメヨモギ 〔キク科〕多年草
Artemisia lancea

瑪瑙山登山道　西登山道　南登山道　一の鳥居苑地　大谷地湿原　雲仙寺山登山道
★山野・やや乾いた草原

　　3　4　5　6　7　8　9　10　11　12月

細く尖った葉が特徴的です。茎の上部の葉は線形となっていて、小さいです。茎の中部の葉は羽状に深裂し、裂片は線状披針形です。葉の裏は綿毛に覆われていて、白く見えます。花を見てみると、円錐花序にきわめて多数の小さな頭花をつけています。筒鐘形をした一つの頭花は、長さ2㍉、径1㍉ほどです。果実は痩果です。

頭花から出る花柱

ヨモギのにおいがするよ。

ヨモギの葉

Data ●花：褐色／頭花は柄がない／総苞片は4列に並び外片は短く広卵形　●葉：互生　●茎：100-120㌢／しばしば紫色を帯びよく分枝する　撮影：2014年8月24日

123

長くとび出す多数のおしべ
シモツケ 〔バラ科〕落葉低木

Spiraea japonica var. japonica

瑪瑙山登山道　西登山道　南登山道　一の鳥居苑地　大谷地湿原　霊仙寺山登山道
★低山帯の草地・陽地

　3　4　5　6　7　8　9　10　11　12月

淡紅色の小花が枝の先に群がって咲き、花の小山がいくつも盛り上がっているように見えます。たくさんのおしべがツンツンと花弁より長くとび出しています。花弁は楕円形から広楕円形。花床筒は浅い杯形です。果実は5個が集合した袋果。葉の大きさや形、毛の状態などは変異が著しいそうです。名は下野の国（栃木県）で最初に見つけられたからといいます。

開花を待つつぼみ

草木のシモツケソウとは違うよ。

Data ●花：淡紅色・まれに白色／複散房状／花弁・萼片各5個　萼片は3角形／心皮5個　●葉：楕円形から卵形ときに広卵形／互生／先は鋭頭ー鋭尖頭／基部は円形ー狭いくさび形／不規則でまばらな鋭鋸歯・欠刻状鋸歯　●幹：1-1.5㍍　撮影：2016年7月10日

コラム〈雄性先熟と雌性先熟〉

両性花にはおしべとめしべが開花と同時に生殖活動を始める「雌雄同熟」の花と、おしべとめしべの成熟時期をずらす「雌雄異熟」の花があります。雌雄異熟の花は成熟時期の時間的ずれによって、自家受粉を防ぐのです。

雌雄異熟の花には「雄性先熟（おしべ先熟）」の花と「雌性先熟（めしべ先熟）」の花があります。雄性先熟の花はおしべの成熟がめしべより早いです。雌性先熟の花はめしべの成熟がおしべより早いです。

ゲンノショウコは雄性先熟です。先におしべが成熟し花粉を放出します。その後、めしべが成熟して、めしべの受粉態勢が整います。なお、ゲンノショウコは雄性期、両性期、雌性期があるようです。

キキョウやヤマホタルブクロも雄性先熟です。

ミズバショウは雌性先熟です。開花前には4個の花被片が花の表面をおおっています。最初めしべが小さな花被片を押し上げて現れます。柱頭はすぐ開き受粉が可能になります。次に4個のおしべが順に現れ花粉を放出します。ミズバショウは昆虫による受粉だけではなく、風媒受粉、同家受粉もおこなうようです。

オオバコも雌性先熟です。最初につぼみから顔を出すのはめしべ。めしべの柱頭です。この時期を雌性期といいます。次いで、花冠が開くと、長い花糸の先端に葯をつけた4個のおしべが伸びてきます（雄性期）。オオバコはおしべが出ても、めしべが健在な両性期もあります。両性期や雄性期については開花状況の個体差があり、厳密に識別できないことが多いと思われます。

イチョウの葉のように見える花弁

ルイヨウボタン〔メギ科〕多年草

Caulophyllum robustum

瑪瑙山登山道　西登山道　南登山道　一の鳥居苑地　大谷地湿原　霊仙寺山登山道

★落葉広葉樹林の林床

3　4　5　6　7　8　9　10　11　12月

外側に緑黄色の花弁のように大きく見えるのは内萼片です。花弁は内側に小さく6個あり、イチョウの葉のような形をして、蜜腺があります。おしべが6個の花弁それぞれに寄り添うように立っています。めしべ1個は花の中心にあります。種子は青く径約8㍉の球形で、2個ずつ並んでつきます。和名は"類葉牡丹"。葉の形から名付けられたということです。

花弁、おしべ、めしべ

萼を花弁とまちがえそうだね！

種子

Data ●花：緑黄色／集散状につく／外萼片は花時には落ちる　内萼片6個／おしべ6個　めしべ1個　●葉：茎葉は2－3回3出複葉／小葉は長楕円形　全縁　幅の広いものは先が2－3裂する　●茎：40-70㌢　撮影：2015年5月20日

早春の花

キクザキイチゲ〔キンポウゲ科〕多年草

Anemone pseudoaltaica var. pseudoaltaica

瑪瑙山登山道　西登山道　南登山道　一の鳥居苑地　大谷地湿原　霊仙寺山登山道
★温帯林の林内・林縁

```
    3   4   5   6   7   8   9  10  11  12月
```

春に花を咲かせます。葉や茎は早春に地上に姿を現し、初夏には枯れます。花茎の中心から花柄を1本出し、その先端に淡紫色、時には白色の花を1個開きます。花弁はなく、萼片が花弁状に見えます。萼片は8－13個ほどあります。葯は白色です。集合果はやや球形、痩果は狭卵状です。和名は花が菊に似ているからだといいます。

白色の花

淡藍紫や水色など花色に富むよ！

Data ●花：淡紫色・白色／おしべ・めしべ多数／萼片は狭楕円形　●葉：根出葉は1枚　2回3出複葉／茎葉は3枚　3全裂　輪生し　小葉は3浅裂－羽状に切れ込む　葉柄がある　●花茎：10-30㌢　撮影:2016年5月5日

127

青紫色の花弁
ヤマエンゴサク
〔ケシ科〕
別名ヤブエンゴサク
ササバエンゴサク　多年草

Corydalis lineariloba

瑪瑙山登山道　西登山道　南登山道　一の鳥居苑地　大谷地湿原　靈仙寺山登山道
★樹林地・草地・沢沿い

3　4　5　6　7　8　9　10　11　12月

花は細長く独特な形です。花弁は外側と内側に2個ずつつき、左右に並ぶ内側の2個は先端が合着しています。めしべとおしべは内側の花弁に囲まれてふつうは見えませんが、開いた花を観察できました。めしべが1個、その上下におしべが1個ずつ確認できました。おしべの花糸は先端で3分岐しています。苞は、多くは歯牙または欠刻があります。果実は蒴果。

めしべとおしべ

スプリング・エフェメラルだよ!

歯牙・欠刻のある苞

Data ●花：赤紫－青紫色／総状花序／蒴果は広披針形・狭卵形　●葉：小葉の数や形には変化が多い　●茎：10-20㌢　［参照：エゾエンゴサクの苞は卵形で全縁］　撮影：2015年5月8日

2 中裂する白い5弁花

サワハコベ 〔ナデシコ科〕
別名ツルハコベ　多年草

Stellaria diversiflora var. diversiflora

瑪瑙山登山道　西登山道　南登山道　一の鳥居苑地　大谷地湿原　霊仙寺山登山道
★林内の湿地

　　　3　4　5　6　7　8　9　10　11　12月

山深い木陰の湿った地に群生していました。茎の下部は地をはい、節から根を出し、上部で分枝します。葉腋から長い柄が出て、白い花が1個開きます。一つ一つの花弁は2中裂しています。観察したものは、花糸の基部の近くに毛がありました。中央には花柱が3個。花弁の間からは萼片が見えています。蒴果は球形で6裂します。

花糸の基部近くの毛

花弁はウサギの耳のようだね！

訪花した昆虫

Data ●花：白色／花弁5個／萼片5個　長楕円状披針形　鋭頭／おしべ2－10個　花柱は3（－4）個　●葉：卵形－3角状卵形／対生／表面に伏毛　裏面は無毛／先は鋭頭　●茎：長さ5-30㌢　撮影:2016年5月18日

129

大きな葉

スミレサイシン〔スミレ科〕多年草

Viola vaginata f. vaginata

瑪瑙山登山道　西登山道　南登山道　一の鳥居苑地　大谷地湿原　霊仙寺山登山道
★山地の夏緑樹林の林床・林縁　北海道（道南）・本州（山口県まで）の日本海側

　　3　4　5　6　7　8　9　10　11　12 月

唇弁に紫色の条が入り、距は短く太いです。花は径2－2.5㌢。花柱は突出形（カマキリの頭形）、上部の両翼は左右に短く張り出し、柱頭が上方に短く突き出ます。大きな葉が花に遅れて開きます。開き初めは縮れた感じの巻いた状態でした。白花品はシロバナスミレサイシンです。和名はウマノスズクサ科のウスバサイシンに葉形が似ていることに由来するという。

花柱と柱頭

葉っぱが大きいスミレだね。

白花

Data ●花：淡紫色／側弁は基部が無毛／萼片は広披針形／距の長さ 4-5㍉　●葉：円心形／先端は急に尖る／長柄／基部は深い心形／縁に鋸歯がある／托葉は離生披針形　膜質で褐色　●茎：5-15㌢　撮影：2016年5月5日

130

鍬形のような萼裂片

ヤマクワガタ 〔オオバコ科〕 多年草

Veronica japonensis

瑪瑙山登山道　西登山道　南登山道　一の鳥居苑地　大谷地湿原　霊仙寺山登山道
★低山帯の林内・亜高山針葉樹林やブナ林の林下

　3　4　5　6　7　8　9　10　11　12月

淡い水色の花はグンバイヅルやオオイヌノフグリに似ていました。果実の蒴果は菱形状の扇形。基部は広いくさび形、先は少しへこみ両側はやや尖ります。似ているクワガタソウは、蒴果が扁平な3角状扇形で、基部はやや切形、先は少しへこみます。ちなみに和名"鍬形草"は、果実につく萼の様子がかぶとの鍬形を思わせるためとのことです。

菱形状の扇形の蒴果

2個のおしべも兜の鍬形みたいだよ！

Data ●花：淡紅白色・紅紫色／上部の葉腋から総状花序を出しまばらに3－8個の花をつける／花冠は4裂　径約8㍉／萼裂片は4裂　裂片は先が尖る　●葉：広卵形／対生／先の鈍い鋸歯　●茎：分枝して地に伏し根をおろして広がり長さ10-20㌢／開出する軟毛をやや密生　撮影:2017年6月24日

基部と先端が切れ込む腎円形の葉
サンカヨウ 〔メギ科〕多年草
Diphylleia grayi

瑪瑙山登山道　西登山道　南登山道　一の鳥居苑地　大谷地湿原　霊仙寺山登山道
★低山帯〜亜高山帯　落葉広葉樹林・針葉樹林の林床

　　　3　4　5　6　7　8　9　10　11　12月

茎の葉はふつう2枚で互生します。下の葉は腎円形で大きく、上端と基部が湾入して長い葉柄に楯状につきます。上の葉は下の葉と形は似ていますが、小さくほとんど無柄で、湾入した基部で茎につき、楯状にはなりません。花序は茎の先端に集散状につきます。清楚な白色の花が上の葉にのっているように咲いていました。液果は楕円形、藍色で白粉を帯びます。

花序

（朝露で花弁は透明に？）

果実

Data ●花：白色／3－10個ほどつける／おしべ6個　めしべ1個／外萼片6個は緑色で小さく、花時には落ちる／内萼片は6個で白色、花弁状　●葉：下の葉は腎円形　不ぞろいな欠刻状鋸歯がある　●茎：30-60㌢／1株1本で直立する　撮影：2015年6月6日

花弁は白色　萼裂片は紅色を帯びる

ミヤマタニタデ〔アカバナ科〕
多年草

Circaea alpina subsp. alpina

瑪瑙山登山道　西登山道　南登山道　一の鳥居苑地　大谷地湿原　霊仙寺山登山道
★深山の陰湿地

　　3　4　5　6　7　8　9　10　11　12月

花は小さくて見過ごしてしまいそうです。広葉樹林の木陰、谷川にひっそりと生育していました。3角状広卵形の葉と葉の縁の鋸歯が特徴的です。花は総状花序につきます。萼裂片より少し短い花弁は白色。萼裂片はわずかに紅色を帯び、花弁の白と調和してやわらかな彩りをなしています。果実は長倒卵形、かぎ状の刺毛があります。

刺毛のある果実

小さな花だね。

 Data ●花：白色／花弁は2個　倒卵形　2裂　長さ0.6-1.9㍉／萼裂片は2個　長楕円状卵形　先は鈍形／おしべ2個／花柱1個　●葉：対生／葉柄がある／先は短鋭尖形／基部は浅心形／縁に鋭鋸歯　●茎：5-18㌢　撮影：2014年8月2日

133

4枚が輪生する葉
エゾノヨツバムグラ〔アカネ科〕多年草

Galium kamtschaticum var. kamtschaticum

瑪瑙山登山道　西登山道　南登山道　一の鳥居苑地　大谷地湿原　霊仙寺山登山道

★亜高山帯の林床

3　4　5　6　7　8　9　10　11　12月

オオバノヨツバムグラより茎や葉が小型のものを発見。葉は4枚が、3ないし4段で輪生しています。『長野県植物誌』によると、オオバノヨツバムグラは、植物体や葉が大型、葉の先端が尖るなどの特徴でエゾノヨツバムグラとは区別されますが、中間的な個体によりエゾノヨツバムグラと変異が連続するそうです。登山道には葉長 2.5 － 3ボほどのものも生息していました。

花序

果実には
かぎ状の毛が
いっぱい！

果実

Data ●花：白－淡黄緑色／花冠は4裂／集散花序／おしべ4個／花柱は2裂　●葉：広楕円形　広倒卵形・倒卵形　長さ 8-20ﾐﾘ（オオバノヨツバムグラは葉の長さ 2-5ボ）／3本の脈がある／先は円頭凸端　●茎：10-20ボ（オオバノヨツバムグラは 20-40ボ）

撮影：2017年7月17日

暗紫色の花弁
ノダケ〔セリ科〕多年草
Angelica decursiva

瑪瑙山登山道　西登山道　南登山道　一の鳥居苑地　大谷地湿原　霊仙寺山登山道
★丘陵地・山地の林内や草地

| 3 | 4 | 5 | 6 | 7 | 8 | 9 | 10 | 11 | 12月 |

小葉の下部は葉軸に沿って翼状となります。葉柄の基部は鞘状に広がり茎を抱きます。上部の葉はきわめて小さく、葉柄は広い鞘となって袋状に膨らみます。秋、多数の小さな花が複散形花序から開きます。つぼみを観察すると、花弁とおしべが交互に花の中央に向かって巻き込んでいました。開花すると細長い花弁が開き、長く伸びたおしべが目立ちます。花弁は暗紫色。

袋状の葉柄

ふくらんだ葉柄が目立つね！

花柱は2個

果実

Data ●花：花弁は暗紫色まれに白色／複散形花序〔大花柄と小花柄とあって二重の散形花序をつくる〕●葉：3出羽状複葉／小葉や裂片は長楕円形　楕円形・長卵形　裏面は白みを帯びる／互生／鋸歯がある　●茎：80-150㌢　撮影：2014年9月7日

135

複総状の花序

チダケサシ 〔ユキノシタ科〕 多年草

Astilbe microphylla

瑪瑙山登山道　西登山道　南登山道　一の鳥居苑地　**大谷地湿原**　霊仙寺山登山道
★山麓のやや湿った草原・明るい林床や林縁

```
  3   4   5   6   7   8   9   10   11   12月
```

花序は複総状。側枝はほぼ直立あるいは斜上し、密に花をつけます。遠くから見ると花序は薄い紅色がかった感じです。近づいてみると紅色が際立っていたり、裂開直前の葯が淡青紫色になっていたり、濃淡もある微妙な色合いを醸し出しています。果実は蒴果。和名はキノコのチチタケを採取した際、本種の花茎に刺して持ち帰ったことによるとのこと。

花序

> ピンクの花穂が美しい。

Data ●花：ふつう淡紅色／花弁5個　線状さじ形／萼裂片は5個／おしべ10個／花柱2個／花軸には淡褐色の腺毛が密生　●葉：小葉は楕円形－倒卵形／やや不ぞろいの鋭い重鋸歯　●花茎：40-80㌢　撮影：2013年8月7日

散形の花序
ギョウジャニンニク〔ヒガンバナ科〕多年草

Allium victorialis subsp. platyphyllum

瑪瑙山登山道　西登山道　南登山道　一の鳥居苑地　大谷地湿原　霊仙寺山登山道

★亜高山帯の林床

```
    3   4   5   6   7   8   9   10   11   12月
```

2枚の長楕円形の大きな葉の間から、38㌢ほどの花茎が伸びていました。花は花茎の頂に多数が散形花序についています。観察した花序は径3.8㌢ほどでした。個々の花は白色に紅紫色がにじんでいます。おしべは花被片(かひへん)より長いです。中央には緑色の膨らんだ3つの部分(子房)があり、真ん中から白色の花柱が出ています。果実は蒴果です。

花

ニンニクの臭いがしたよ！

果実

Data ●花：白色　時に淡紫色や淡微黄色を帯びる／花被片6個　おしべ6個　●葉：扁平の長楕円形　長さ20-30㌢　幅3-10㌢／2-3葉　●花茎：40-70㌢／鱗茎は披針形　外面に褐色の網状繊維がある　撮影：2016年7月1日

137

舌状花は5−9個
オタカラコウ 〔キク科〕 多年草

Ligularia fischeri

瑪瑙山登山道　西登山道　南登山道　一の鳥居苑地　大谷地湿原　霊仙寺山登山道
★林内水湿地・谷川沿いの湿草地

	オタカラコウ	メタカラコウ
総苞	筒状鐘形	狭筒形
舌状花	5−9個	1−3個　ときに舌状花を欠く
根出葉の葉身	腎心形	3角形状心形—3角形状ほこ形

頭花は総状の長い花序に多数つきます。和名、雄タカラコウは雌タカラコウに比べ強壮であるためという。

舌状花と筒状花

にぎやか堂々、オタカラコウ！

メタカラコウの葉

オタカラコウの葉

Data ●花：黄色／頭花は柄（長さ1-9㌢）があり上向きに咲き花が終わると点頭する
●葉：根出葉は大形　長い葉柄がある／茎葉はふつう3枚で上部のものは小さい／葉柄の基部は鞘となって茎を抱く／縁にやや鋭い歯状の鋸歯　●茎：1-2㍍　撮影：2016年7月9日

白色に淡い紅色がにじむ花

ハクサンシャクナゲ 〔ツツジ科〕
常緑低木

Rhododendron brachycarpum

瑪瑙山登山道　西登山道　南登山道　一の鳥居苑地　大谷地湿原　霊仙寺山登山道
★亜高山帯の林内

　　　3　4　5　6　7　8　9　10　11　12月

2013年10月、種子が出た後の蒴果を見つけました。それ以降、花は見つかりませんでした。2016年5月、丈140㌢ほどの株で花芽を見つけました。6月26日、花が咲きました。白色に淡い紅色がにじむ美しい花です。上側内面には緑褐色の濃い斑点があり、おしべは10個あり、中心には花柱が伸びています。1つの花芽からは10個ほどの花が開いていました。

花序

緑褐色の斑点は虫たちの目印。

つぼみ

種子が出た後の蒴果

Data ●花：枝先に短い総状花序を伸ばし5－15個の花をつける　花冠は漏斗状鐘形　5中裂　●葉：長楕円形・狭長楕円形／互生／表面は無毛　裏面は露滴状毛が密生する／葉の基部は円形または浅心形で葉柄との境は明瞭　●幹：1-2㍍　撮影：2016年7月1日

139

おしべより長い花弁

キンバイソウ

別名キリガミネキンバイソウ
〔キンポウゲ科〕多年草

Trollius hondoensis

瑪瑙山登山道　西登山道　南登山道　一の鳥居苑地　大谷地湿原　霊仙寺山登山道
★山地の水湿のある林縁・草地

黄色の花弁に見えるのは萼片です。花弁は狭披針形で、萼片よりわずかに濃色。観察したものの花弁の先端は鋭尖形です。花弁に囲まれるように多数のおしべが出ています。おしべの花糸は糸状。花弁は明らかに、あるいは時にわずかにおしべより長いです。果実は袋果。和名は"金梅草"の意味。梅のように咲く黄色い花にちなんだものといいます。

花弁とおしべ

線形の花弁は
おしべに
混ざって
見えるよ！

Data ●花：黄色・橙黄色／花弁は多数　先端は鋭尖形あるいはときにへこむ／萼片は5〜7個　●葉：円心形／3全裂　裂片は浅く羽状に切れ込むか粗い鋸歯がある　●茎：40-100㌢　撮影：2016年7月9日

コラム 〈ヤマブドウ〉

おや、大きな緑色の葉っぱの上に、何か落ちていますよ（写真①）。これは何でしょう？

見上げると…
おや、これはヤマブドウ。ヤマブドウの花序です（②）。落とし主はこの花序だったのです。

葉の上のものは、ヤマブドウの花弁でした（③）。

ヤマブドウの花弁は不思議です。ふつう、花の花弁は先端が離れ離れになっています。それがヤマブドウの5個の花弁の場合は、先端で互いにくっついていて、下部で離れるのです。（④）を見てください。まさに、花弁の下部が離れているところです。花弁はめしべがかぶる帽子のように見えますね。

この花は、1個のめしべと短くて外に反り返るおしべ5個があり、ヤマブドウの果実がなる株です。

少し離れた場所にももう1本、ヤマブドウの株がありました。

この株にもいくつか花序がついています。この花はめしべがなく、長いおしべが5個だけあります（⑤）。雄花だけからなる花序の株だと思われます。

この雄花の花弁も先端で互いにくっついていて、下部では離れていました。（⑥）を見てください。5個のおしべの先端に、花弁が帽子のようにのっていますね。雄花の花弁は、めしべとおしべがある花（④）の花弁より若干小さいように見えました。

径8㍉ほどの球形の液果は房になって垂れ下がります。降霜の頃、黒熟し帯紫色の白粉がつくようになると、山のサルやクマ、鳥たちにとっても食べごろです。

141

針形の花弁
ズダヤクシュ 〔ユキノシタ科〕多年草
Tiarella polyphylla

瑪瑙山登山道　西登山道　南登山道　一の鳥居苑地　大谷地湿原　雲仙寺山登山道
★低山帯〜亜高山帯の針葉樹林内・林縁のやや湿った場所

　　　3　4　5　6　7　8　9　10　11　12月

白い花弁のように見えるのは萼片です。花弁は針形で白色、萼片よりも長いです。おしべは長く、花の外に突き出ます。ズダヤクシュには心皮(しんぴ)とよばれる部分があります。心皮は舟形で、先端は長さ1㍉ほどの細い花柱となります。若い果実に見られるように長短の差がある2個の心皮をもっているのが特徴です。果実は蒴果。

花

針状にとび出しているのが花弁だよ。

長短の心皮

Data ●花：白色／総状花序／花弁5個　長さ2-2.5㍉／萼片5個　基部は合生して鐘形／おしべ10個　●葉：根出葉は心円形〜広卵形　浅く5裂／茎葉は数個で根出葉と同形　葉柄が短い　●花茎：10-40㌢　撮影：2014年6月8日

輪生する6枚の葉

オククルマムグラ〔アカネ科〕多年草

Galium trifloriforme

瑪瑙山登山道　西登山道　南登山道　一の鳥居苑地　**大谷地湿原**　霊仙寺山登山道
★深山の林中

　　　3　　4　　5　　6　　7　　8　　9　　10　　11　　12月

クルマバソウと似ています。クルマバソウは花冠が漏斗形、先は4裂し筒部があり、葉は6-10枚が輪生。オククルマムグラは花冠が4裂し、明らかな筒部は見えません。葉はふつう6枚が輪生し、茎の稜上や葉の裏面中脈に下向きの刺状毛がまばらに生えています。果実はかぎ状の毛が密生。和名は輪生する葉を車輪に見立て、奥地に多いことによるという。

花冠

茎をさわるとザラザラ！

果実

Data ●花：白色／茎の上部に集散花序をつくる／萼筒は半球形で長毛が生える／おしべ4個　●葉：長楕円形／円頭凸端　●茎：20-50㌢／斜上または直立／4稜がある　撮影：2013年6月9日

143

小さな赤い実

アカミノイヌツゲ 〔モチノキ科〕
常緑低木　雌雄異株

Ilex sugerokii var. brevipedunculata

瑪瑙山登山道　西登山道　**南登山道**　一の鳥居苑地　大谷地湿原　霊仙寺山登山道
★低山帯〜亜高山帯下部の尾根・岩地

　3　4　5　6　7　8　9　10　11　12月

夏に開く白色の花。小さくて注意していないと気づかずに通り過ぎてしまいそうです。秋になると、この低木がまた目にとびこんできます。丸く赤色に熟す果実が鮮やかなのです。白色の花はイヌツゲと似ていて区別がつきませんが、果実が稔るとはっきり分かります。イヌツゲの実は黒色だからです。アカミノイヌツゲの果柄は長さ1-1.5㌢です。

果実がいっぱい

赤い実は
だれが
食べるの？

果実

Data ●花：白色／雌花は1個ずつつく／雄花は1-3個の花が束状につく（花柄がある）　●葉：細長い楕円形／互生／革質／表面は濃緑色で光沢／裏面は淡緑色／中央脈が隆起　上半分には低い鋸歯　●幹：1-2㍍　撮影：2013年6月30日

コラム〈こんなところにも植物が〉

飯縄山や瑪瑙山、霊仙寺山を登山したり、飯綱高原の湿原を散策したりしていると、特徴のある不思議な植物に出会います。例えば…

ミズゴケのなかま　ミズゴケのなかまは吸水力、保水力が大きい。これは、葉には中空で透明な細胞があり、透明細胞が水分を多量に吸収するからとのことです。

地衣類のなかま　藻類と共生して地衣体(ちいたい)を形成する菌類。外形から葉状地衣類・樹枝状地衣類・鱗片状地衣類・固着(痂状)地衣類などに分けられるそうです。

スギゴケのなかま　スギの葉に似る丈の短い植物。コケ植物の蘚(せん)類で、葉や茎をもつ配偶体世代と胞子をつくる胞子体世代が繰り返されます。

葉腋に集まる小さな白花

エゾシロネ〔シソ科〕多年草

Lycopus uniflorus

瑪瑙山登山道　西登山道　南登山道　一の鳥居苑地　大谷地湿原　霊仙寺山登山道
★山間の湿地・湿った林下

　　　3　4　5　6　7　8　9　10　11　12月

登山道には草丈15㌢ほどのものが、あちこちに群生していました。葉腋に小さい花が集まるように咲きます。花冠は唇形のように見え、白色です。花冠の長さを測ると約2㍉でした。萼は長さ約1.5㍉、5中裂し、裂片の先は鈍頭です。果実は4分果。褐色に熟し、萼からはみ出します。分果は扁3稜形で、平らな前面に不規則な突起があります。

匐枝

名シロネは地下茎が白いから。

果実

Data ●花：白色　萼裂片は鈍頭　●葉：菱状卵形／対生／鋭頭／まばらな鋸歯がある
　　　　●茎：15-40㌢／基部は暗紫色を帯びる／4角形／細毛がある　撮影：2012年8月11日

スギの幼木に似る

マンネンスギ

〔ヒカゲノカズラ科〕常緑性
シダ植物　多年生草本

Lycopodium dendroideum

瑪瑙山登山道　西登山道　南登山道　一の鳥居苑地　大谷地湿原　霊仙寺山登山道
★低山帯〜亜高山帯の樹林下

3　4　5　6　7　8　9　10　11　12月

登山道のところどころに生育しています。一見すると、スギの幼木にも見えます。主茎は地中をはい、側枝は地上に出て直立茎となります。側枝は上部で分岐し樹木状になります。枝の先端には円柱状の胞子嚢穂がつきます。和名は"万年杉"の意味で、枝葉がスギに似ていることと、枝葉が永く青々としているからとのことです。

胞子嚢穂

いつまでたっても杉にはなれません!

裂開した胞子嚢

Data ●胞子嚢穂は長さ約 2-3㌢／胞子葉は広い3角状広卵形　とげ状に尖った先端　各葉腋に1個の胞子嚢をつける　●葉：鱗片状に密生し、線状披針形　先端は鋭く尖る　つやがある　●茎：10-20㌢　撮影：2013年7月15日

147

淡い緑白色の壺形花冠
ハナヒリノキ 〔ツツジ科〕落葉低木

Leucothoe grayana var. grayana

瑪瑙山登山道　西登山道　**南登山道**　一の鳥居苑地　大谷地湿原　霊仙寺山登山道

★山地の林縁

　　3　4　5　6　7　8　9　10　11　12月

枝の先に長い総状花序をつけます。壺形の花冠は下向きにつき、基部から順に花を開きます。不思議なことに、実になり始めると果実は上向きになります。果実は蒴果です。ウラジロハナヒリノキは葉裏が白色を帯び無毛で、花序の軸も無毛です。本種は花序の軸に短毛がありました。有毒植物で、かつては葉を粉にして殺虫に使用したとのことです。

上を向き始めた果実(左)　下を向く花冠(右)

ハナヒリはくしゃみのこと。

Data ●花：緑白色／花を多数つける／新枝の先に総状花序を伸ばす／萼は深く5裂し裂片は3角状卵形　●葉：楕円形・長楕円形／互生／先は短く鋭く尖る／微小な鋸歯がある　●幹：0.5-1.3㍍　撮影：2013年7月15日

コラム〈反り返る花冠〉

　　　　　　　　　　緑白色の花冠、ハナヒリノキ。壺形で先端は浅く5裂し、裂片は広3角形で反り返っている。そういえば、コヨウラクツツジの花もスズランの花も、花冠の先端が反り返っていました。どれも下向きに花を開いている。なんとチャーミングなこと。私たちにそのチャーミングさをアピールしているのでしょうか。

　ハナヒリノキを見ていると一匹のマルハナバチがやってきました。蜜を求めにきたのです。

　訪れたマルハナバチ、なんと、左右の前脚の爪をそれぞれ隣り合う別の花冠の反りにひっかけ、中脚はそれぞれ一つの花の萼片に爪をひっかけて、ぶら下がったではありませんか。マルハナバチはぶら下がったまま口器を花冠の中に入れ、蜜を吸っているのです。

　うまいことを考えたなと、思わずつぶやいてしまいました。花冠開口部の反りの部分は、マルハナバチが蜜を吸う際の足場となっていたのです。もし開口部に反りがなければ、マルハナバチは脚の爪をひっかける足場がなく蜜を吸うことが困難になることでしょう。

　もう一つ、花冠とマルハナバチを見ていて考えたことがあります。それは、花冠の縁に反りがあるということは、花冠の強度にも関係あるのではないかということです。縁に反りをつけることで開口部を円形に保つことができると思われます。もし反りがないとすると、開口部は変形しやすく形を保ちにくくなるのではないでしょうか。

　花冠の先端が反り返っているのは、花を引き立て目立たせたいからと考えていましたが、ハナヒリノキやコヨウラクツツジやスズランにとっても、マルハナバチにとってもとても意味のある反りなのだと思わされました。

無柄状の胞子嚢穂

エゾヒカゲノカズラ

〔ヒカゲノカズラ科〕
常緑性 シダ植物
多年生草本

Lycopodium clavatum var. robustum

瑪瑙山登山道　西登山道　南登山道　一の鳥居苑地　大谷地湿原　雲仙寺山登山道
★高山

主茎は地上を長く匍匐しまばらに分枝します。側枝は直立ー斜上し、叉状に何回か分枝して線形ー線状披針形の葉を密生します。胞子ができる胞子嚢穂がつく柄（総梗）は直立します。ヒカゲノカズラの場合、胞子嚢穂は総梗からさらに柄(小梗)を出してついていますが、エゾヒカゲノカズラの胞子嚢穂は、柄がないか、またはやや無柄状で総梗についています。

総梗と胞子嚢穂

葉の先端には白い糸状のものがついているよ。

裂開した胞子嚢

 Data 胞子嚢穂は淡黄色の円柱状　広卵形の胞子葉をらせん配列状に密生する／胞子葉の内側の基部に胞子嚢がつく／胞子嚢は胞子を出す　撮影：2013年6月30日

壺形　白色の花

シラタマノキ

〔ツツジ科〕別名シロモノ
常緑小低木

Gaultheria pyroloides

瑪瑙山登山道　西登山道　南登山道　一の鳥居苑地　大谷地湿原　霊仙寺山登山道
★亜高山帯　日当りのよい乾いた岩地

3　4　5　6　7　8　9　10　11　12月

花冠は白色で壺形、先は浅く5裂していました。果期には萼が肥大し、液質となって蒴果を包み、液果状の果実となります。果実は径約1㌢、白色でときに淡く赤みを帯びます。球形白色の果実は、美しいため"白玉の木"と呼ばれます。本種の果実は淡く赤みを帯びていました。"アカモノ"(152頁)に対して、"シロモノ"ともいわれるようです。

赤みを帯びた果実

果実にサリチル酸メチルに似た独特の香り！

果実の中

Data ●花：白色／茎の上部の葉腋や枝先に総状花序を出す／2－6個下向きの花をつける　各花には鱗片状の1個の苞と2個の小苞がある／萼は広卵形　●葉：楕円形／互生／革質／鈍い鋸歯　●幹：10-20㌢　撮影：2013年7月15日

151

鐘形　白色で赤みを帯びた花

アカモノ

〔ツツジ科〕別名イワハゼ
常緑小低木

Gaultheria adenothrix

瑪瑙山登山道　西登山道　南登山道　一の鳥居苑地　大谷地湿原　霊仙寺山登山道
★亜高山帯の林縁

　3　4　5　6　7　8　9　10　11　12月

上部の葉腋から花柄を伸ばし、先端に1個の花をつけます。花冠は鐘形で縁は5裂。白色で赤みを帯びます。萼は鮮やかな赤色で、腺毛が生えています。果時には萼が肥大して果実を包み、赤色の液果状となります。大きさは径約6㍉です。東北地方では液果状の果実をモモとよぶことがあり、アカモモがなまってアカモノとなったともいわれています。

上を向く果実

花は下、実は上を向きます。

果実を包む萼

Data ●花：白色で赤みを帯びる／花柄は2-4㌢　花柄には小さな広卵形の数個の小苞がある　●葉：卵形／先は尖る／互生／革質／細かな鋸歯　●幹：10-20㌢　撮影：2013年6月30日

芒状に尖る苞葉と萼の先
トガクシコゴメグサ〔ハマウツボ科〕一年草

Euphrasia insignis var. togakusiensis

瑪瑙山登山道　西登山道　南登山道　一の鳥居苑地　大谷地湿原　雲仙寺山登山道
★北アルプス北部・戸隠山・飯縄山・浅間山など 岩場や礫地 本州（新潟・富山・石川県 日本海側の山岳）

| 3 | 4 | 5 | 6 | 7 | 8 | 9 | 10 | 11 | 12月 |

登山道沿いに、こぼれるように咲き広がっていました。茎の上部の苞葉や萼の先は芒状に尖っています。上部の葉腋ごとに一つの花をつけます。花冠は唇形。観察したもののかぶと形の上唇は白または淡い紅紫色で、同じ色の条が入っていました。白色で大きく幅が広い下唇は、先が3裂し裂片の先は浅くへこんでいて、内面には黄色の斑紋があります。果実は蒴果。

唇形の花冠

下唇の真ん中に目玉焼き？

尖る萼片の先

訪虫

Data ●花：花冠は唇形　長さは萼の3倍ほどのものがある／おしべ4個／萼の長さ3ミリほど　4裂する　●葉：倒卵形／鋸歯は尖る　●花茎：6-20センチほど／分枝する　撮影：2014年9月7日

153

花冠からつき出る長い花柱

フクオウソウ 〔キク科〕多年草

Nabalus acerifolius

瑪瑙山登山道　西登山道　南登山道　一の鳥居苑地　大谷地湿原　霊仙寺山登山道
★山の木陰・林内・林縁

　3　4　5　6　7　8　9　10　11　12月

80㌢ほどに伸びた茎の先に大きな円錐花序。灰白色の大岩を背にしていることもあるためか、円錐花序につく頭花は白っぽいような青白色のような感じで、ややうつむいて咲いていました。1つの頭花に小花は10－13個ほど。渋い色あいです。花冠から出る長い花柱が印象的です。果実は痩果。三重県の福王山に産することに基づいて名づけられたとのことです。

頭花

小花は舌状花だよ。

根出葉

Data ●花：舌状花冠は紫白色　裏面に黒い条／総苞の下部には腺毛がある　●葉：根出葉は長柄がある　円心形　3－7裂　●茎：35-100㌢／腺毛が生える　撮影：2013年10月6日

岩壁に咲く黄色の5弁花

イワキンバイ 〔バラ科〕 多年草

Potentilla dickinsii

瑪瑙山登山道　西登山道　南登山道　一の鳥居苑地　大谷地湿原　霊仙寺山登山道
★低山帯～亜高山帯の岩礫地・岩場

3　4　5　6　7　8　9　10　11　12月

切り立つ岩壁もものともせず、わずかなすき間に根を張り生育していました。木質で太い根茎。岩にはうように伸びる葉。細い花茎は岩場にすっと立つ姿。花序は集散状で、黄色の花は誇らしげに5弁を開きます。茎や葉などには伏毛があり、植物体を寒さなどから守っているように思われます。果実は痩果。和名"岩金梅"は岩場に生えるキンバイソウの意味という。

木質化した根茎

岩壁に咲く花。高山に来たよう。

緑葉

紅葉

Data ●花：萼片は狭卵形－披針形　鋭尖頭／副萼片は披針形　鋭頭／おしべ多数／花床に白毛を密生　●葉：通常3出複葉か4－5小葉からなる羽状複葉／小葉は倒卵形・卵円形・楕円形／裏面は帯白色／両面に毛／歯牙状鋸歯　●茎：5-20㎝　撮影：2013年7月15日

155

コラム 〈ノアザミの花粉〉

小花がすべて筒状花からなるノアザミ（①）。ノアザミの花に白いものが湧き出しています（②）。これはノアザミの花粉です。花粉といっしょに出ているピンク色の棒のようなものはめしべの花柱（③）。周りの濃い紫色の筒状のものはおしべの葯です（③）。

ノアザミのおしべは5個。その葯は隣り合うものが環状に連結して雄蕊筒（集葯雄蕊）をつくり、めしべの花柱を囲んでいます。葯の中に花粉があります。

昆虫が花に訪れておしべに触ると、花粉が湧き出すとのことです。が、花粉はどのように湧き出してくるのでしょう。不思議です。

おしべに触れると、その刺激で、葯の基部につながる花糸（④）が縮んでおしべの葯筒を下に引き込み、花粉が押し出されてくるのでしょうか。花粉が湧き出してくる仕組みは、はっきり分かりません。

一方、最初先端がくっついた状態で、雄蕊筒の中にあっためしべの花柱。花柱は、雄蕊筒内の葯が裂開して花粉が放出されてから伸長し、その時に花粉を押し出すのだそうです。その後伸長した花柱は先端が開いて、内面の柱頭が現れます。他の花からの花粉を受け入れることができるようになったのです（⑤）。

花柱はどのように花粉を押し出しているのでしょう。よく見ると、花柱の先の分枝部の直下には球状にふくれた部分があります。そこには短毛が密生しています。花柱が集葯雄蕊の中央を突き抜けるとき、この短毛は花粉をかき出す役目を果たすのだと思われます。

マルハナバチが訪花し、別のノアザミの花粉を運んできました（⑥）。受粉です。ノアザミは花粉を出す時期と受ける時期をずらすことで、別のノアザミの花粉で受粉することができるようになっているのです。

1

2

3

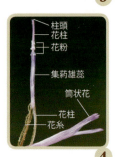
柱頭／花柱／花粉／集葯雄蕊／筒状花／花柱／花糸
4

5

6

5

霊仙寺山登山道の植物
れい せん じ

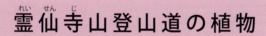

登山道にはユキツバキやヒメアオキ、ツルシキミなど常緑広葉樹が生育し、ネマガリダケも群生しています。タムシバやヤマボウシなどの広葉樹、大きなブナの木も生育しています。初めは穏やかな登山道ですが、徐々に急勾配となり、急な登山道は山頂手前まで続きます。きつい登りです。山頂に近づくにつれ、テガタチドリやハクサンチドリ、シロモノやアカモノ、コケモモと高山の草花が生育し、登山道のきつさを忘れさせてくれます。針葉樹のコメツガも何本も生育しています。標高1875メートル、霊仙寺山山頂はすぐそこです。山頂に近づくにつれ、隣の飯縄山頂も見えてきます。

山吹き色の花

ヤマブキ 〔バラ科〕落葉低木 1属1種

Kerria japonica

瑪瑙山登山道　西登山道　南登山道　**一の鳥居苑地**　大谷地湿原　**霊仙寺山登山道**

★低山帯の向陽林縁

```
   3   4   5   6   7   8   9   10   11   12月
```

幹は多数が叢生します。枝は細く緑色で無毛、白色の髄があり、よく伸びて先が枝垂れます。花は当年生の短い側枝に頂生し、1個を開きます。黄色の花は径3－5㌢で花弁は5個、先端はわずかに凹頭または円頭です。鮮やかな花の色は山吹色ともいわれます。果実は痩果。和名は山振という意味で、枝が弱々しく風のまにまに吹かれて揺れやすいからとのことです。

つぼみ

> 山吹色は
> 小判色。

重花弁のヤエヤマブキ

Data ●花：黄色／側枝に頂生　萼片は5個／めしべ5（－8）個　おしべ多数　●葉：卵形・狭卵形／互生／基部は円形・やや心形／側脈はふつう5－7脈が目立つ／不整の重鋸歯　●幹：1-2㍍　撮影：2016年5月4日

両性花と雄花を混生

ウマノミツバ〔セリ科〕多年草

Sanicula chinensis

瑪瑙山登山道　西登山道　南登山道　一の鳥居苑地　大谷地湿原　霊仙寺山登山道
★山林下・林床

| 3 | 4 | 5 | 6 | 7 | 8 | 9 | 10 | 11 | 12月 |

枝頂に小散形花序をつけ、両性花と雄花を混生します。両性花は子房にかぎ状毛が密生します。右写真でかぎ状の毛が見られるのが両性花、左下の毛の無いものが雄花と思われます。花弁は白色で内側に曲がります。果実は卵形、かぎ状の刺毛を密生します。和名は"馬之三葉"。食用にならず馬に食べさせる程度のミツバの意味とのことです。

花序

見極めがたい微小な花。

3全裂する葉

Data ●花：白色／おしべ5個　●葉：根出葉と茎葉がある／葉は3全裂し側小葉はさらに2深裂して掌状をなすことがある／裂片は浅裂して鋸歯がある／下部の葉は長い葉柄　上部の葉柄は短い　●花茎：30-120㌢　撮影：2014年7月11日

159

左右不同の葉

ウワバミソウ 〔イラクサ科〕
別名ミズナ　ミズ　多年草

Elatostema involucratum

瑪瑙山登山道　西登山道　南登山道　一の鳥居苑地　大谷地湿原　霊仙寺山登山道
★沢沿いの湿った斜面

　　3　4　5　6　7　8　9　10　11　12月

長楕円形の葉は左右不同、先は鋭く尖ります。花は緑白色。雄花序は、葉腋から出る長さ1－2㌢の柄の先につきます。雌花序には柄がなく、葉腋にかたまってつきます。痩果は卵形。秋遅くなると茎の節が膨らみ、ばらばらに離れて地に落ち、発芽して新苗になるとのこと。和名はウワバミのすみそうなところに生えるという意味だそうです。

ふくらんだ節　（上〇写真は雌花序）

（茎の節に小豆色のむかご！）

雄花序

果実

Data ●花：緑白色／雄花は4花被片と4おしべがある／雌花被片は3個　背面に短毛 ●葉：鋸歯は内側辺では3－10個　外側辺では6－13個 ●茎：30-40㌢　撮影：2014年6月8日

球状の散形花序

トチバニンジン 〔ウコギ科〕
別名チクセツニンジン
多年草

Panax japonicus var. japonicus

瑪瑙山登山道　西登山道　南登山道　一の鳥居苑地　大谷地湿原　**霊仙寺山登山道**
★低山帯の林縁・林床

茎の頂に長い花序柄を出し、その先端に散形花序をつけて多数の小さな花を開きます。ときに1-4個ほどの枝を出し、そこにも小さな花序をつけます。花序は球状、花は径3㍉ほど。葉は掌状複葉で3-5枚が輪生します。果実は径約6㍉の球形で赤く熟します。先端部がときには黒くなる個体もあります。和名は葉の形がトチノキに似ていることに基づくとのこと。

先端部が黒くなる個体

果実は赤い宝石！

Data ●花：淡緑黄色／花弁5個／おしべ5個／花柱は普通2個／花柄は長さ1-2㌢　細かい突起がある　●葉：葉柄は長さ5-10㌢／小葉は（3-）5（-7）枚　倒狭卵形-倒卵形／先は鋭尖形／縁に鋸歯　●花茎：50-80㌢　撮影：2014年7月2日

雪解けを待って咲く紅い花

ユキツバキ 〔ツバキ科〕別名オクツバキ
サルイワツバキ　常緑低木

Camellia rusticana

瑪瑙山登山道　西登山道　南登山道　一の鳥居苑地　大谷地湿原　霊仙寺山登山道

★低山帯　東北から北陸地方の日本海側の多雪地に分布

3　4　5　6　7　8　9　10　11　12月

雪解けを待っていたかのように咲く紅い花。登山道両側の所々にこんもり茂る照葉の間から、美しい花がのぞいています。ユキツバキです。花は花弁が広く開いて咲きます。花糸は基部で合着して短い筒部を形成し、ふつう全体が濃橙黄色から黄赤色となります。幹の基部は積雪の影響で地表に倒伏することが多く、低木となります。

花糸

蕾は葉っぱに守られていますよ。

果実

Data ●花：濃紅色・帯紫紅色・まれに淡紅色／花弁は5－6個　やや薄く先端は凹入／おしべ多数／めしべ1個　●葉：楕円形・長楕円形・卵状楕円形／表面は濃緑色光沢がある　裏面は淡緑色／革質／互生／鋸歯がある　●幹：1-3㍍　撮影：2014年5月18日

コラム 〈雪の中の春〉

　常緑低木のユキツバキ。樹高は1－3メートル。幹や枝は曲っていて、下方からいくつもの枝が入り込みながら枝分かれしています。ユキツバキはなぜ、低木で幹や枝は曲がっているのでしょう。
　東北から北陸地方の日本海側の多雪地帯に分布するユキツバキは冬期、数メートルにおよぶ積雪の中で生存しています。
　幹や枝はしなやか。折れにくいのです。そのため雪に覆われる冬期は、幹や枝は積雪に押し倒されても、地に伏したり、はったりしながら生存していると思われます。積雪量に応じて倒れ伏し、土と雪との間にその身を置き、じっと春を待つ。春、雪解けが始まると、しなやかな幹や枝は再び立ち上がる。

　ユキツバキは雪に覆われることで、幹も枝も葉も凍ることはなく、乾燥することもありません。雪に覆われることで厳しい寒さから身を守っているのです。樹高が1－3メートルなのは、その地域の積雪量との関係に深くかかわりがあるからなのだと思われます。
　積雪に適応して生存する植物はユキツバキだけではありません。飯縄山、瑪瑙山そして霊仙寺山の植物はみな、それぞれの適応の仕方で冬期の厳しい自然環境を乗り越えていくのです。
　2012年9月28日、鮮やかな緑の葉の腋にユキツバキの葉芽がいくつもついていました。枝の先端の葉腋にはポツポツとですが、花芽もついています。厳しい冬は間近です。葉芽も花芽も、幹や枝、葉といっしょに雪に守られて、厳しい冬を乗り越えるのです。雪が解けると、太陽の光を受け一気に開く明るい紅花。ユキツバキは春を告げる雪国の花なのです。

163

早春に鮮やか純白の花

タムシバ 〔モクレン科〕
落葉小高木

Magnolia salicifolia

瑠璃山登山道　西登山道　南登山道　一の鳥居苑地　大谷地湿原　霊仙寺山登山道
★山地

| 3 | 4 | 5 | 6 | 7 | 8 | 9 | 10 | 11 | 12月 |

葉の展開に先だって開花。コブシに似ています。タムシバとコブシの区別点は以下のようです。

観点	タムシバ	コブシ
花弁の色	白色	白色 基部は紅色を帯びる
花のすぐ下	葉をつけない	通常1枚の小型の葉をつける

果実は袋果が集まった集合果。熟すと裂開し、赤色の種子が垂れ下がります。

多数のめしべとおしべ

葉をもむといい香り。

葉

集合果の袋果

Data ●花：白色／花被は花冠と萼の区別があり　花弁6個　萼片3個／おしべ多数／めしべ多数　●葉：披針形・卵状披針形／互生／裏面は白色を帯びる　撮影：2014年5月18日

花弁のような総苞片

ヤマボウシ 〔ミズキ科〕別名ヤマグワ
落葉高木

Cornus kousa subsp. kousa

瑪瑙山登山道　西登山道　南登山道　一の鳥居苑地　大谷地湿原　霊仙寺山登山道
★低山帯

　　3　4　5　6　7　8　9　10　11　12月

4個の花弁のように見えるのは総苞片。開いた直後は淡い緑色ですが、のちに白色になります。本種の総苞片は先端の回りが紅色を帯びていました。花は無柄で頭状に密集してつきます。秋、紅く熟す果実は球状の集合果。観察したものは径1－1.5㌢ほどでした。和名は"山法師"の意味。頭状の花序を僧の頭に、白い総苞片を頭巾に見立てたといわれます。

頭状に密集してつく花

総苞片の中央にあるのが花だよ！

集合果

Data ●花：花弁は4個　緑黄色を帯びる／頭状花序／おしべ4個　花柱1個／総苞片ははじめ淡緑色でのちに白色・まれに紅色を帯びる　●葉：楕円形一卵形／鋭尖頭／裏面の脈腋に褐色の毛を密生／対生／縁は波打つ　撮影：2015年6月28日

165

扇形の側枝

アスヒカズラ 〔ヒカゲノカズラ科〕常緑性シダ植物 多年生草本

Lycopodium complanatum

瑪瑙山登山道　西登山道　南登山道　一の鳥居苑地　大谷地湿原　霊仙寺山登山道

★低山帯〜亜高山帯

　　　3　　4　　5　　6　　7　　8　　9　　10　　11　　12月

登山道の岩場に、10－15㌢、アスナロの葉のような植物が……。アスナロの幼木ではなくシダ植物のアスヒカズラでした。主茎は長く地上をはい、まばらに分枝します。側枝は斜上または直立し、叉状に分枝して扇形になります。小枝は著しく扁平です。夏、直立して葉をまばらにつけた柄を分枝し、その頂端がさらに2－3回分枝して、円柱状の胞子嚢穂をつけます。

胞子嚢穂

枝ぶりがアスナロのよう。

 Data ●胞子穂：鱗状に広卵形で先が鋭く尖った胞子葉を密生　その葉腋に1個の胞子嚢をつける　●葉：分枝茎には背腹左右4列につく　撮影：2013年8月10日

黄白色　筒形の花

オオバツツジ 〔ツツジ科〕
落葉低木

Rhododendron nipponicum

瑞瑙山登山道　西登山道　南登山道　一の鳥居苑地　大谷地湿原　霊仙寺山登山道

★低山帯上部〜亜高山帯の林縁

| 3 | 4 | 5 | 6 | 7 | 8 | 9 | 10 | 11 | 12月 |

大きな葉は他の草花の中にあっても、ひと際目立っていました。葉は枝先に集まってついています。花芽も枝先についています。1個の花芽からは5－10個の花をやや散形状に開きます。花冠は黄白色で、先は赤色を帯びます。筒形で先が5裂し、裂片は広円形。蒴果は長楕円形です。和名は葉が他のツツジ類より大きいためといわれています。

筒形の花冠

花は筒状のベルフラワー！

Data ●花：花冠の筒の内面に短い軟毛が生える／萼片5個／おしべ10個　●葉：倒卵形／先は円いかやや凹む／下部はくさび形／無柄／縁や表面・裏面脈上に腺毛が散生　●幹：1-2㍍　撮影：2014年7月21日

167

淡紅色の花

ヤマトキソウ 〔ラン科〕多年草

Pogonia minor

瑪瑙山登山道　西登山道　南登山道　一の鳥居苑地　大谷地湿原　霊仙寺山登山道
★低山帯〜亜高山帯の日当たりのよい湿った草地

| 3 | 4 | 5 | 6 | 7 | 8 | 9 | 10 | 11 | 12月 |

花は茎頂に上向きに1個つきます。淡い紅色の花はほとんど開きません。観察したものは、3つの萼片がわずかに開いていました。背萼片、側萼片は線状披針形です。側花弁は萼片とほぼ同じ長さですが幅広です。唇弁は長楕円形で、中裂片の表面に肉質突起があります。和名"山朱鷺草"は、山地に生えるトキソウの意味とのことです。

垣間見える唇弁・肉質突起

草の中で　そっと　咲くよ！

開き始めた萼片

Data ●花：淡紅色／唇弁は萼片や側花弁より少し短く3裂し、側裂片は小型　中裂片の表面に肉質突起が密生する／花柄の基部に1枚の葉状苞がつく　●葉：長楕円形／茎の中ほどに1葉をつける　●茎：10-20㌢　撮影：2014年7月21日

線形の葉

コメツガ 〔マツ科〕常緑高木

Tsuga diversifolia

瑪瑙山登山道　西登山道　南登山道　一の鳥居苑地　大谷地湿原　霊仙寺山登山道
★低山帯上部～亜高山帯の山腹斜面の上部・尾根筋に多く群生

```
  3   4   5   6   7   8   9   10  11  12月
```

枝にたくさんつく小形で線形の葉は長いものと短いものがあり、小枝の左右にほぼ2列に並びます。葉の裏面に2条の白色気孔帯があります。雌雄同株で、雄花は球形または卵形。観察したものは紅黄色を帯びていました。雌花は卵形で紫紅色を呈しています。球果は10月ごろ褐色に熟します。卵円形で長さ 1.5 － 2.0㌢、径約 1.3㌢。種子は倒卵形で翼があります。

雌花　（上〇写真は雄花）

去年の球果 今年の花 いっしょに あるね。

球果

Data ●花：雄花も雌花も小枝の端に単生する　●葉：長さ 4-14㍉　幅約 1.5㍉／先端は円形か、またはやや凹んでいる／基部には短い柄がある　●幹：若枝に短毛がある　撮影：2016年6月5日

明るい黄緑色の花

ホソバノキソチドリ 〔ラン科〕多年草

Platanthera tipuloides var. sororia

瑪瑙山登山道　西登山道　南登山道　一の鳥居苑地　大谷地湿原　霊仙寺山登山道
★亜高山帯の林縁ないし日当たりのよい草地

3　4　5　6　7　8　9　10　11　12月

多数の花をやや密につけ、全体が黄緑色です。花は交互に別向きに咲いているような印象です。背萼片は卵形、側萼片は長楕円形。側花弁は斜長楕円形。背萼片と側花弁2個は、蕊柱（ずいちゅう）を守るように囲んでいます。唇弁は広線形でやや肉質な感じです。距（きょ）は長く、下垂または前方に湾曲します。観察すると、先端は下に曲がりつつも水平近くになっているものがありました。

花

距が長いね。

前方に湾曲する距

Data ●花：黄緑色／花序は総状／距の長さ 12-17㍉／苞は線状披針形　●葉：狭長楕円形～卵形／鱗片葉は2-3個　披針形　●茎：20-40㌢　撮影：2014年7月21日

6

飯縄山登山道のカエデ

日本にはカエデ属が27種自生し、県内には22種8変種が自生するそうです。カエデ属の植物学的特徴は、対生する葉をもつことと、果実に2個の翼をもつことです。果実は翼果(よっか)で、2個の分果からなり、ふつうそれぞれ1個の種子ができます。秋には黄色や紅色に美しく紅葉します。飯縄山、瑪瑙山(めのう)そして霊仙寺山(れいぜんじ)の各登山道では、私たちは現在までに12種を観察しています。

3 浅裂または無分裂の葉

カラコギカエデ 〔ムクロジ科〕
落葉小高木　雄性同株

Acer tataricum subsp. aidzuense

瑪瑙山登山道　西登山道　**南登山道**　一の鳥居苑地　**大谷地湿原**　霊仙寺山登山道
★低山帯の湿潤地

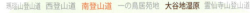

一見すると、カエデ属には見えない葉です。葉身は楕円形で3浅裂またはほとんど切れ込まず、全周に大きな重鋸歯があります。果実は翼果。果翼は鋭角に開くかほとんど平行で、隆起する脈が目立ちます。和名は"鹿の子木カエデ"。樹皮が所々剝がれて鹿子まだら模様になることからついた"カノコギ"がなまり、カラコギになったとする説があります。

葉

翼果は
ピンクの
花のよう！

翼果

Data ●花：黄緑色／花序は複散房状／花弁・萼片は各5個／おしべはふつう8個
●葉：対生／葉柄がある／掌状の3脈および羽状脈がある／先端は尖る／縁は大きな重鋸歯　〔雄性同株：1つの株に雄花と両性花がつく〕　撮影：2013年6月9日

不ぞろいの欠刻状重鋸歯の葉
ヤマモミジ 〔ムクロジ科〕落葉小高木

Acer amoenum var. matsumurae

瑪瑙山登山道　**西登山道**　**南登山道**　**一の鳥居苑地**　大谷地湿原　霊仙寺山登山道
★丘陵帯〜低山帯

　　3　　4　　5　　6　　7　　8　　9　　10　　11　　12月

黄色、紅色、黄と紅が混ざり合うもの……紅葉が美しいです。オオモミジの変種で、本州日本海側のオオモミジの見られない地域に分布するそうです。葉の縁の様子を見て、よくそろった単鋸歯または重鋸歯ならオオモミジ、鋭い不ぞろいの重鋸歯ならイロハモミジ、不ぞろいの欠刻状の重鋸歯ならヤマモミジです。観察した翼果の果翼は鈍角に開いていました。

葉

芽吹きから紅葉まで美しいよ！

翼果

紅葉

Data ●花：花弁5個　萼片5個／花は雄花と両性花とがある／おしべ8個　●葉：長い柄をもった掌状　裂片は7〜9個／対生　撮影：2014年9月26日

173

卵状円心形の葉
ヒトツバカエデ

〔ムクロジ科〕別名マルバカエデ
落葉小高木ないし高木
雄性同株

Acer distylum

瑪瑙山登山道　**西登山道**　南登山道　一の鳥居苑地　大谷地湿原　**霊仙寺山登山道**
★低山帯

　　3　4　5　6　7　8　9　10　11　12月

大きな葉だと思いました。葉は対生につき、翼果があります。ヒトツバカエデです。切れ込みのない卵状円心形の葉はカエデとは思えません。カエデの仲間で葉に切れ込みがないのは、ほかにはチドリノキなどです。観察した花序は、どれも上向きで細長い円柱状についていました。果翼の翼は鋭角に開くようです。和名は分裂しない単葉のカエデの意味とのことです。

秋の葉

花も翼果も上向きだったよ！

翼果

Data ●花：淡黄色／花弁・萼片各5個／おしべ8個　●葉：先は尾状に尖る／基部は深い心形／縁に鈍鋸歯がある　撮影：2012年6月23日

緑色の樹皮
ウリハダカエデ

〔ムクロジ科〕
落葉小高木ないし高木
雌雄異株（まれに同株）

Acer rufinerve

瑪瑙山登山道　西登山道　南登山道　一の鳥居苑地　大谷地湿原　霊仙寺山登山道
★低山帯

　　3　　4　　5　　6　　7　　8　　9　　10　　11　　12月

名前は樹皮の色が瓜、特にマクワウリの実の色を思わせるところからきているとのことですが、樹皮は成長にともない、姿が全く変わります。若木では薄い緑色の地に濃い緑色の縦筋が目立ち、菱形状の皮目が点在します。年を経て木が太くなるにつれて、樹皮は下右写真のようになっていきます。こうなるとマクワウリのような樹皮とは全く異なった質感となります。

葉

樹皮の
ひし形が
おもしろい。

菱形状の皮目　点在する

鈍角に開く果翼

Data ●花：淡黄色／総状花序／垂れ下がる／花弁・萼片は各5個／おしべ8個／
●葉：葉身はほぼ5角形　3－5浅裂／基部は浅心形から切形／対生／不ぞろいの重鋸歯　●幹：樹皮はふつう緑色で黒斑がある　撮影：（左写真）2011年6月4日　（右写真）2013年5月5日

葉の裏の脈上に毛

ウラゲエンコウカエデ〔ムクロジ科〕
落葉高木

Acer pictum subsp. dissectum f. connivens

瑪瑙山登山道　西登山道　**南登山道**　**一の鳥居苑地**　**大谷地湿原**　霊仙寺山登山道
★低山帯上部〜亜高山帯下部

```
  3   4   5   6   7   8   9   10  11  12月
  ┼───┼───┼───┼───┼───┼───┼───┼───┼───┼
```

横長の葉は5−7裂し、裂片の先は尾状に伸びて先端は鋭く尖ります。エンコウカエデは主脈の腋を除いて葉の裏面は無毛です。ウラゲエンコウカエデは、葉の裏面の主脈上に曲がった毛があります。葉は秋になると黄色に色づきます。観察したウラゲエンコウカエデの幼樹の葉は切れ込みが深く、その深さや形は多様でした。

葉

> 名は細長い葉の裂片が手長猿の手を思わせることから

翼果

葉裏

Data ●花：淡黄緑色／同一花序に雄花と両性花がある　●葉：対生／葉柄がある／表面は濃緑色で無毛　裏面は淡緑色／各裂片は全縁　●幹：今年枝は無毛(ケウラゲエンコウカエデは葉の裏面主脈上と今年枝に微細な立毛が出る)　撮影：2016年7月5日

Column Vol.19

コラム〈イタヤカエデ〉

　総称としてのイタヤカエデ。落葉高木です。対生する葉には柄があり、掌状に（3－）5－7（－9）裂し、裂片は卵形または3角状で、先端は尖り尾状に伸びています。縁には鋸歯がなく全縁。葉身の長さは7－13（－15）㌢、幅は長さより広いか、ほぼ等しいようです。葉は多形、変異が多い。葉の形や大きさ、裂片の形や切れ込みの深さ、表裏面や裏面脈上などの毛の有無、果翼の開き具合などにより、オニイタヤ、エンコウカエデ、アカイタヤ、イトマキイタヤ、エゾイタヤ、ウラジロイタヤ、タイシャクイタヤなどに識別されます。

　花期は4－6月。花序は複総状。10－50花をつけます。花色は淡い黄色から黄緑色。花弁は5個、萼片も5個。おしべは8個。

　初夏の風にゆれる鮮やかな緑色だった葉。秋には微妙な色合いを含みながら黄色に変わり、黄葉が秋の山を鮮やかに染め広げていきます。翼のある分果は熟すと分離し、クルクルと回転しながらゆっくり舞い落ちたり風に乗って遠くまで飛んでいったりします。そして新たな生育のエリアを広げていくのです。分果は分離しないでプロペラのように対のままだと、うまく回転しないようです。

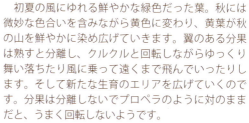

　和名は"板屋カエデ"。葉がよく茂り、板で屋根をふいた板屋のように雨が漏れることはないという意味であるとのことです。

　よく茂る鮮やかな緑の葉。確かに、イタヤカエデの大木の下は雨宿りに適しているように思います。

萌える赤い芽吹きの葉

アカイタヤ〔ムクロジ科〕
別名ベニイタヤ　落葉高木

Acer pictum subsp. mayrii

瑪瑙山登山道　西登山道　南登山道　一の鳥居苑地　大谷地湿原　霊仙寺山登山道
★低山帯の多雪地帯

　　3　　4　　5　　6　　7　　8　　9　　10　　11　　12月

芽吹き時の葉は赤く色づきます。幼木では新葉、葉柄、若枝も赤みを帯びていました。葉は展開すると明るい緑色になります。花は葉の展開に先立って開き、紅色を帯びたやわらかな若葉に包まれるようにして淡黄色の花をたくさんつけます。秋の葉は鮮やかな黄色に黄葉し、秋の山を彩ります。観察した翼果の果翼は直角から鋭角に開いていました。分果は長さ3－4㌢。

葉

> 春の黄色い花はかんざしのようだよ！

若葉

左：花序　右：翼果

●**Data** ●花：淡黄色／同一花序に雄花と両性花がある／花弁5個　萼片5個　おしべ8個　●葉：（3－）5（－7）浅・中裂／葉裏の脈腋にのみ毛がある／対生／裂片の先は鋭く尖る／裂片は全縁　波状　●幹：今年枝と2年枝は暗紅紫色を帯びて無毛
撮影：2014年10月24日

葉脈が目立つ葉

アサノハカエデ 〔ムクロジ科〕
落葉小高木　雌雄異株

Acer argutum

瑪瑙山登山道　**西登山道**　**南登山道**　一の鳥居苑地　大谷地湿原　霊仙寺山登山道
★低山帯

| 3 | 4 | 5 | 6 | 7 | 8 | 9 | 10 | 11 | 12月 |

葉は掌状脈間に細かい葉脈が深く入り込んでいて、たくさんの脈が目立ちます。雌花序は散房状に10個前後の花をつけます。雌花序はふつう基部に1対の葉をつけます。雄花序は束状で7-10個の花がつき、垂れ下がります。秋、葉は黄色に染まっていました。翼果の果翼はほぼ水平に開きます。和名は葉の形が麻の葉を思わせることからきているとのことです。

葉

葉の脈で見分けられます。

翼果

Data ●花：淡黄緑色／花弁・萼片各4個／萼片は黄緑色／花弁は萼片より小さい／雄花のおしべは4個／雌花のおしべは0または1-2個あって短い　●葉：5（-7）浅・中裂／対生／裏面に白色の短伏毛／重鋸歯　撮影：2015年5月10日

上向きに立つ花穂

オガラバナ 〔ムクロジ科〕別名ホザキカエデ
落葉小高木 雄性同株

Acer ukurunduense

瑪瑙山登山道 西登山道 南登山道 一の鳥居苑地 大谷地湿原 霊仙寺山登山道
★低山帯上部・亜高山の林縁や林

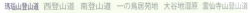

複総状で円柱形の花序が直立し、黄緑色の花がたくさんつきます。葉の表面は全体に短毛を散生します。裏面は、特に脈上には短軟毛を密生し白っぽく見えました。果翼は鋭角に開きます。和名は麻幹花の意味で、本種の材がやわらかく、麻幹（アサの皮をはいだ茎）に似ているためとのこと。また、別名ホザキカエデは上向きの穂に多数の花をつけることにちなむという。

葉

葉にさわるとフカフカした感じ。

翼果

Data ●花：黄緑色／複総状／花弁・萼片各5個／おしべ8個　●葉：掌状に5－7浅・中裂／裂片は鋭頭ないし鋭尖頭／基部は切形ないし浅心形／欠刻状の鋸歯がある
撮影：2015年6月16日

紅葉が美しいカエデ
コハウチワカエデ

〔ムクロジ科〕
別名イタヤメイゲツ
落葉小高木・高木　雄性同株

Acer sieboldianum

瑪瑙山登山道　西登山道　南登山道　一の鳥居苑地　大谷地湿原　霊仙寺山登山道
★低山帯

3　4　5　6　7　8　9　10　11　12月

ハウチワカエデより小型の葉。均整のとれた美しさがあり、イタヤメイゲツの別名があります。秋の紅葉は見事です。黄緑、橙、紅、淡紅紫、濃紅紫色と様々に色づく木もあります。全体が鮮やかな紅に染まった木はとりわけ見事です。頂芽はふつうできず、枝は仮頂芽および側芽から生じます。翼果の果翼は、ほぼ水平に開き、短軟毛があります。

葉

葉は'かえるの手'！

翼果

2個の仮頂芽

Data ●花：花弁は淡黄色　萼片は淡黄色ときに紫色を帯びる／花序は複散房状／15〜20個ほどの花／花弁・萼片5個／おしべ8個　●葉：(7−) 9 (−11) 中裂／葉柄は葉身と同長ないし2/3長／よくそろった単鋸歯または重鋸歯がある　撮影：2013年10月6日

181

深紅の花

ハウチワカエデ
〔ムクロジ科〕
別名メイゲツカエデ
落葉高木　雄性同株

Acer japonicum

瑪瑙山登山道　西登山道　南登山道　一の鳥居苑地　大谷地湿原　霊仙寺山登山道
★低山帯〜亜高山帯下部

　3　4　5　6　7　8　9　10　11　12月

若葉の展開とともにポッ、ポッ、と開く暗紅色の花。花色は光の加減によって変化に富みます。花序は複散房状で、10－15個の花をつけ、雄花と両性花を混生します。一見、暗紅色の花にも見えるのは萼片で、背面には軟毛があります。花弁は萼片の内側にあり、無毛で、萼片より小さいです。両性花は子房に黄白色の軟毛を密生します。果翼はほぼ水平に開きます。

葉

大きい葉は天狗様の羽団扇！

翼果

2個の仮頂芽

Data ●花：花弁は淡黄色　萼片は暗紅色／花弁と萼片は5個・おしべ8個　●葉：9－11浅・中裂／葉柄は葉身の1/4から1/2長／花時には両面全体に白色の軟毛があるが、成葉では裏面主脈・脈腋に毛を残す程度／基部は心形／重鋸歯　撮影：2013年10月6日

182

コラム〈かえで〉

「かえで」は「かえるで」の変化した語だそうです。かえるで（蝦手・蛙手・鶏冠木）は、葉の深く切れ込んださまが蛙の手に似るところからいうとのこと。

古くは「かえるて」といわれ、万葉集巻八に … 我がやどにもみつかへるて見るごとに妹をかけつつ恋ひぬ日はなし（大伴田村大嬢）… があります。『日本国語大辞典　第二版』には、江戸中期の語源辞書『日本釈名』に、「鶏冠木、葉のかたち、かへるの手に似たり。かへる手と云を略して、かへてと云」とあります。

カエデは蛙手の意味で、葉の形が蛙の手に類似することからきているのですね。

しかし、カエデ属の葉はみな「かえるで」ではありません。中には葉が蛙の手のように掌状にならない葉もあります。ヒトツバカエデやチドリノキなどは

単葉で、葉に切れ込みがありません。また、ミツデカエデ（右写真）やメグスリノキは3小葉で、縁には鋸歯はありますが切れ込みがありません。

ですが葉の形はそれぞれ違っても、カエデ属の植物学的特徴である、"対生する葉"をもつことと、"果実に2個の果翼"をもつことは同じなのです。

山頂付近のカエデ

ミネカエデ 〔オオバミネカエデ〕〔ムクロジ科〕
落葉小高木　雌雄異株または同株

Acer tschonoskii

瑪瑙山登山道　西登山道　南登山道　一の鳥居苑地　大谷地湿原　霊仙寺山登山道
★低山帯上部〜高山帯

　3　4　5　6　7　8　9　10　11　12月

頂生する花序は総状で、1つの花序に5－10個の花をつけます。観察したミネカエデの花序は直立気味でしたが、コミネカエデ（186頁）の花序は下垂していました。初夏の葉は鮮やかな緑色。秋には山頂へ向かう登山道沿いを徐々に黄葉に染めていきます。果翼は鈍角ないし鋭角に開きます。和名"峰カエデ"は、高山に生えることからついたとのことです。

葉

秋の葉は黄。

雄花

Data ●花：黄緑色ときに紫色を帯びる／花弁・萼片各5個　おしべ8個　●葉：葉身はほぼ5角形　5－7中裂　裂片はさらに羽状に浅裂して重鋸歯縁／基部は心形／対生／葉柄は紅色を帯びる　撮影：2015年9月20日

コラム〈オオバミネカエデについて〉

　今回「飯縄山登山道のカエデ」を特記するにあたり、前巻でとりあげたオオバミネカエデについて改めて検証してみました。『改訂新版　日本の野生植物』によりますと、オオバミネカエデは、"ミネカエデ〔オオバミネカエデ〕"と表記されていたからです。

　2013年8月18日。山頂尾根でミネカエデと思われる4㍍ほどの小高木と出会いました。葉が大きいので、びっくりしました。前ページのミネカエデの葉はこんなに大きくはありません。『日本の野生植物　木本Ⅱ』によりますと、ミネカエデの葉身の長さは3.5－7㌢・幅5.5－11㌢とあります。

　本種の葉を測ってみますと、大きいものは長さ約13.8㌢・幅約14.0㌢です。葉の5個の裂片のうち上側の3個が尾状で尖っています。裏面基部の脈腋には極わずかに膜のようなものがあり、その先端に白い毛のようなものがついていました。赤みを帯びた葉柄の長さは約10.1㌢、まばらに毛が生えています。果翼は鈍角に開き分果の長さは約2㌢です。

　『長野県植物誌』によりますと、ミネカエデは葉の裂片は短く尖り、葉柄に毛が残らない。オオバミネカエデは葉の裂片はすべて尾状に長く尖り、葉柄に多少褐色の毛があるとのことです。本種は、葉の5裂片は尖り、特に上側の3裂片は長くて尖っている・葉の長さと幅が10㌢以上のものがある・葉柄に毛が多少ある等の特色がありました。そこで前巻発行の時点では、ミネカエデの変種オオバミネカエデと考えました。

　カエデ属にはナンゴクミネカエデがあります。

　本種はナンゴクミネカエデと特徴がよく似ている部分があり、どちらに分類してよいのか迷うところです。筆者としては、飯縄山山頂は積雪の影響を強く受ける・幹が曲っているものがある・小高木(高さ1－5㍍)である等から、本種は『改訂新版　日本の野生植物』の分類によるミネカエデ〔オオバミネカエデ〕と考えますが、今後、専門家の識別を待ちたいと思います。

実物大シルエット

上部3裂片が尾状に伸びる葉

コミネカエデ　〔ムクロジ科〕落葉小高木
雌雄異株または同株

Acer micranthum

瑪瑙山登山道　西登山道　南登山道　一の鳥居苑地　大谷地湿原　霊仙寺山登山道

★低山帯

　　3　4　5　6　7　8　9　10　11　12月

ミネカエデに似ますが、一つの花序の花の数はコミネカエデが20－30個ほど、ミネカエデは5－10個ほどです。飯縄山、瑪瑙山、霊仙寺山の各登山道ではミネカエデより標高が低い所に生育します。葉は上部の3個の裂片が尾状に長く伸び、秋は鮮やかな紅色に染まります。翼果の果翼は鈍角に開きます。名はミネカエデより花も果実も小さいことから、とのこと。

葉

美しい紅葉、遠くからも分かります。

雄花序

翼果

Data ●花：黄緑色／花序は総状　長さ4-10㌢／花弁・萼片各5個　おしべ8個 ●葉：葉身はほぼ5角形　5－7中裂　裂片はさらに羽状に中裂して重鋸歯縁／対生／基部は心形　撮影：2013年10月6日

7

大谷地湿原の植物
おお や ち

目の前に飯縄山が聳え立つ大谷地湿原。湿原の中には木道が整備され、湿原の周りを15〜20分ほどで1周できる遊歩道となっています。早春、雪が解け、まず一番にナニワズが花を開きます。そしてリュウキンカ、ミズバショウ。夏にはチダケサシやメタカラコウが、秋にはツリフネソウやアケボノソウ、サラシナショウマ、次から次へと早春から秋遅くまで、その折々、多彩な花が咲く大谷地湿原。現在、大谷地湿原では外来種（キショウブなど）の駆除が行われ、自然環境保全も進められています。飯縄山、瑪瑙山そして霊仙寺山の各登山道や前著『飯縄山登山道　植物ふしぎウオッチング』で掲載した植物も数多く生育し、昆虫が訪れ、小鳥たちのさえずりが響く自然の宝庫なのです。

小穂がたくさん

ヨシ 〔イネ科〕 多年草

Phragmites australis

瑪瑙山登山道　西登山道　南登山道　一の鳥居苑地　**大谷地湿原**　霊仙寺山登山道
★丘陵帯〜低山帯の水湿地　人里

　　3　4　5　6　7　8　9　10　11　12月

ミズバショウ、リュウキンカが咲き、ミズドクサも生長した後、湿原はいつの間にか一面のヨシ原になります。茎は中空の円柱形で節があり、高さは3㍍にも達します。葉は細長い披針形で、基部の両側はやや耳状となって茎につきます。秋に茎の先に大型の円錐花序を出し、花序には小穂が密につきます。ふつう大群落をつくります。

多数の小穂

夏はヨシの迷路のよう。

Data ●花：小穂は細長く尖っている　●葉：互生／先はしだいに鋭く尖る／縁はざらつく　●茎：2-3㍍／根茎が地中を横走する　地上に匍枝はない　撮影：2014年9月12日

188

コラム 〈ヨシの湿原〉

　ヨシの葉で作られた芸術的な作品ですね。大谷地湿原にはこのようなヨシで作られた多様な作品が多くあります。
　大谷地湿原では多くの昆虫やクモたちがヨシなど植物を利用して生息しています。ヨシなど植物は多くの昆虫やクモなど、生物の生きる拠り所になっているのです。じっくり、観察していますと、ヨシの葉をたくみに曲げて糸を張り獲物を待つクモ、葉をまるめそこに身を潜めている昆虫。ヨシなどの植物とクモや昆虫たちの不思議でおもしろい実態が見えてきます。
　昆虫やクモたちだけではありません。大谷地湿原には多くの鳥たちが生息しています。もちろん野生の動物たちも生息しています。大谷地湿原のヨシをはじめとする植物は、鳥や動物たちにとっても生きる拠り所となっているのです。

淡紅紫色の花穂

ツルボ 〔クサスギカズラ科〕多年草
別名サンダイガサ

Barnardia japonica

瑪瑙山登山道　西登山道　南登山道　一の鳥居苑地　**大谷地湿原**　霊仙寺山登山道

★丘陵帯～低山帯の路傍・草地

3　4　5　6　7　8　9　10　11　12月

葉は線形－線状倒披針形です。『長野県植物誌』によれば、「春葉を展開して初夏に枯れ、夏は花茎のみを出す型と、葉と花茎の両方を出す型がある」そうです。本株は花茎が１本、ツーンと立っているだけでした。葉はありませんでした。淡紅紫色の花はにぎやか、また華やかに咲いていました。昆虫も誘われて訪れます。果実は蒴果です。

訪れた昆虫

（葉はなかなか見つかりません。）

葉

Data ●花：淡紅紫色／総状花序／花被片６個／おしべ６個　花被片と同長　●葉：根出　長さ (5-) 10-25 (-47) ㌢　幅 4-6 (-20) ㍉／表面は浅くくぼむ／厚くやわらかい
●花茎：20-50 (-62) ㌢／鱗茎は卵球形　撮影：2015年8月9日

数段輪生してつく唇形花

イヌゴマ 〔シソ科〕多年草

Stachys aspera var. hispidula

瑪瑙山登山道　西登山道　南登山道　**一の鳥居苑地**　**大谷地湿原**　霊仙寺山登山道
★湿った草原・湿地

3　4　5　6　7　8　9　10　11　12月

茎の頂部に数段となり輪生する花がつきます。花弁は上下に大きく開いた唇形。上唇は伸び出てややかぶと状。下唇は開出して3裂、紅色の細点があります。おしべは4個。下側の2個が長く、上唇の内側に沿って斜上します。めしべは先端が2岐する花柱が飛び出ています。和名は"犬胡麻"。果実の形がゴマに似ていますが、利用価値がないためいうとのこと。

花序

茎はざらざら。

昆虫が訪花

Data ●花：淡紅色／下唇の中央裂片が最大／萼は5裂し裂片の先は刺状に尖り開出する　●葉：披針形／対生／裏面の中肋に短い下向きの刺毛がある／鋸歯　●茎：30-70㌢／直立／4稜がある／稜に短い下向きの刺毛　撮影：2014年8月18日

ほぼ等しく4裂する花冠

ハッカ 〔シソ科〕多年草
Mentha canadensis

瑪瑙山登山道　西登山道　南登山道　一の鳥居苑地　**大谷地湿原**　霊仙寺山登山道
★湿地

　　3　4　5　6　7　8　9　10　11　12月

淡紫色の花は上部の葉腋に球状に集まって咲いています。よく観察すると、葉腋からまず短い花茎が伸びて3裂する苞葉がつき、そこから何本もの花柄が伸びていました。花冠は4裂し、上唇の先は浅く2裂します。めしべとおしべは花冠からとび出しています。観察したものは、めしべの方がおしべより長かったです。全草に芳香があります。果実は分果。

輪散花序

葉をこするとスーとする香り！

花柄と花茎

Data ●花：おしべは4個　ほぼ同長／萼は5歯があり、萼歯は狭3角形で鋭く尖る　毛がある　●葉：狭卵形－長楕円形／対生／葉柄がある／先は尖る／鋭い鋸歯　●茎 20-50㌢／地下茎がある／直立／4角／軟毛がある　撮影：2014年8月20日

複散形花序

セリ 〔セリ科〕
多年草

Oenanthe javanica subsp. javanica

瑪瑙山登山道　西登山道　南登山道　一の鳥居苑地　**大谷地湿原**　霊仙寺山登山道

★湿地・水田

3　4　5　6　7　8　9　10　11　12月

下段の大花柄と、上段の小花柄があって、二重の散形花序をつくる複散形花序です。小花柄につく小さな白い花は、すき間なく寄せ集まり、かさ状に並びます。小花柄のもとには細い小総苞片があります。果実には5萼歯と2花柱が宿存します。和名は、新苗のたくさん出る有様がせ（競）り合っているようだからという説があります。

複散形花序の大花柄と小花柄

春の七草のひとつ。

若い果実

Data ●花：白色／花弁5個／萼歯片は長3角形　●葉：1-2回3出羽状複葉／小葉は卵形／茎葉は互生／粗い鋸歯　●茎：20-80㌢ほど　撮影：2015年8月5日

193

萼裂片間の付属片は直立
エゾミソハギ〔ミソハギ科〕
多年草

Lythrum salicaria

馬瑠山登山道　西登山道　南登山道　一の鳥居苑地　**大谷地湿原**　霊仙寺山登山道
★湿地

| 3 | 4 | 5 | 6 | 7 | 8 | 9 | 10 | 11 | 12月 |

茎の頂に穂状花序を立て、紅紫色の花を多くつけます。花弁は6個。萼筒は長さ4-8㍉、12の肋条があり、裂片は6個、裂片間の付属片は針状で直立します。花柱は1個で、その長さには長・中・短の3型があるとのことです。本種の花柱は短いものでした。蒴果は残存する萼筒に包まれます。葉の基部は円形-浅心形でなかば茎を抱いています。

直立する萼の付属片

花穂は燃え立つ炎のようだ。

茎を抱く葉

Data ●花：紅紫色／おしべ12個で2輪になる　交互に長短がある　●葉：長披針形-広披針形／対生するか3枚輪生／柄がない／全縁　●茎：50-150㌢／直立／毛の多少に変化がある／稜がある　撮影：2015年8月18日

雌花群と雄花群

ガマ 〔ガマ科〕 多年草

Typha latifolia

瑪瑙山登山道　西登山道　南登山道　一の鳥居苑地　**大谷地湿原**　霊仙寺山登山道
★湿地

| 3 | 4 | 5 | 6 | 7 | 8 | 9 | 10 | 11 | 12月 |

花序は頂生して円柱状の花穂となります。上部に雄花群、下部に雌花群がつき、互いに近接しています。長さは雄花群が 5 － 12㌢、雌花群は 10 － 20㌢。花柄が伸びると雌花群は太さが径 15 － 20㍉ほどになります。熟した穂にはおびただしい数の種子がすき間なく並び、軸についています。果実の基部には長毛があり、この毛で種子は風にのり飛散します。

雌花群　（上○写真は雄花群）

♪蒲の穂綿に包まれてウサギはもとの白ウサギ♪

果穂

Data ●花：雌花は花柄があり　糸状体の花被が多数生じ　結実期に伸長し長毛となる　●葉：線形　●茎：1.5-2㍍／円柱形／直立する　撮影：2014年7月30日

195

棍棒状の柱頭

アカバナ 〔アカバナ科〕 多年草

Epilobium pyrricholophum

瑪瑙山登山道　西登山道　南登山道　一の鳥居苑地　**大谷地湿原**　霊仙寺山登山道

★山野の明るい湿地・水湿地

　　3　　4　　5　　6　　7　　8　　9　　10　　11　　12月

花弁は4個で、先端が2浅裂します。めしべは、柱頭が白く棍棒状です。花弁の下には萼片と子房があります。子房は下位で細長く、まるで花の柄のように見えます。果実は細長い棒状の蒴果。熟すと裂開して種子が多数現れます。種子には種髪と呼ばれる毛があり、風にのって飛散します。和名"赤花"は夏から秋に、葉がよく紅紫色になるためとのこと。

蒴果と種髪のついた種子

柱頭の形を
よく見て
みよう。

棍棒状の柱頭

Data ●花：紅紫色／萼片4個　裂片の外面に腺毛を密につける／おしべ8個　●葉：卵形-卵状披針形／下部は対生または上部では互生／鋸歯がある　●茎：15-90㌢／上部で多くの枝を分ける／稜線はない／短い腺毛がある　※種髪：植物の種子に生えている毛　撮影：2014年9月17日

短い下向きの刺

ウナギツカミ 別名アキノウナギツカミ
〔タデ科〕一年草

Persicaria sagittata var. sibirica

瑪瑙山登山道　西登山道　南登山道　一の鳥居苑地　**大谷地湿原**　霊仙寺山登山道
★人里　低山帯の湿地・水辺

| 3 | 4 | 5 | 6 | 7 | 8 | 9 | 10 | 11 | 12月 |

茎の稜角に下向きの短い刺毛がたくさんあり、触るとザラザラします。基部が矢尻形の葉も裏面中脈上に下向きの刺毛があります。花は数個が頭状に集まり枝頂につきます。花被は萼のみで花弁はありません。萼は下部が白色、上部はふつう淡紅色。痩果は宿存萼に包まれ3稜形。和名"ウナギツカミ"は、茎の刺でウナギもたやすくつかめるとの意味だそうです。

下向きの刺毛

トゲを絡ませてグイグイ伸びるよ！

 Data ●花：萼は5深裂　●葉：卵状披針形－長披針形／互生／托葉鞘は筒状　●茎：1㍍ほどに伸びる／他物にからむ　※畑地に生えて丈が低く、高さ30㌢未満、春から初夏にかけて開花するものを狭義のウナギツカミとして、水辺に生えて秋に開花するアキノウナギツカミと区別することもあるが、生態的な型に過ぎないとのこと　撮影：2014年9月10日

2個の花弁

ミズタマソウ 〔アカバナ科〕 多年草

Circaea mollis

瑪瑙山登山道　西登山道　南登山道　一の鳥居苑地　**大谷地湿原**　霊仙寺山登山道
★山地の林下

| 3 | 4 | 5 | 6 | 7 | 8 | 9 | 10 | 11 | 12月 |

総状花序で白色の花をつけます。花弁は2個、先が2裂してハートのような形です。花弁の下の萼片2個は淡緑色。おしべも2個。子房は下位です。広倒卵形の果実には溝があり、表面には白色のかぎ状の刺毛が密生して、動物の体などについて散布されます。和名"水玉草"は白い毛のある球形の子房を、露がかかった水玉にたとえたとのことです。

花と刺毛のある子房

かわいい水玉がいっぱい！

Data ●花：白色　●葉：長卵形－卵状長楕円形／対生／葉柄がある／低鋸歯／　●茎：20-60㌢くらい／地下茎を出す／下向きの細毛がある／節間の基部は多少紅紫色を帯び少しふくらんでいる　撮影：2014年8月20日

小型の内花被片
ヒオウギアヤメ 〈アヤメ科〉 多年草
Iris setosa

瑪瑙山登山道　西登山道　南登山道　一の鳥居苑地　**大谷地湿原**　霊仙寺山登山道

★高地・寒地の湿った草地（アヤメは山麓・山地の草地）

　3　4　5　6　7　8　9　10　11　12月

外花被片の爪部は、黄色地に紫色の細脈があるアヤメに似ています。違いは以下のような点です。

	ヒオウギアヤメ	アヤメ
内花被片	小型 目立たない	楕円状倒披針形 直立し目立つ
葉の幅	15 − 30㍉	5 − 10㍉
花茎	分枝する	分枝しない

和名：花がアヤメに、葉がヒオウギに似ているからとのことです。

著しく小型な内花被片

内花被片を見てみよう。

内花被片が目立つアヤメ

Data ●花：紫色／内花被片3個　長さ10㍉内外（アヤメは長さ約4㌢）　倒卵形　先は芒状に尖る／外花被片3個　大きい／花柱の上部は3分枝に分かれ、分枝は花弁状　裏側の先に柱頭がある　紫色　●葉：剣状　●花茎：30-90㌢　撮影：2015年6月12日

湿地のアザミ

ヤチアザミ 〔キク科〕 多年草

Cirsium shinanense

瑪瑙山登山道　西登山道　南登山道　一の鳥居苑地　**大谷地湿原**　霊仙寺山登山道

★低山帯の湿地

```
  3   4   5   6   7   8   9   10  11  12月
```

大谷地湿原内でタチアザミを観察してきましたが、2016年9月、ヨシが刈り取られた端にタチアザミとは違うアザミを確認しました。葉の基部は茎を抱かず、総苞が若干粘ります。総苞片もタチアザミのように尾状に長くは伸びておらず、鋭角的に斜上。一カ所に何本もの株が生育しています。ヤチアザミでした。ヤチアザミは地中に太い匍匐枝（ほふくし）を伸ばして繁殖します。

斜上する総苞片

スッと総苞片までスマート！

Data ●花：淡紅紫色／頭花は単生するかあるいは4－9個あるいはそれ以上が総状にまばらにつくか塊状に密集してつき　直立－斜上して咲く／総苞片は8－9列　●葉：下部の茎葉は楕円形－倒卵形・披針形　羽状に深裂－浅裂　●茎：30-150㌢／直立／単純あるいは上部で分枝　撮影：2016年9月30日

立ち伸びるアザミ

タチアザミ 〔キク科〕多年草

Cirsium inundatum

瑪瑙山登山道　西登山道　南登山道　一の鳥居苑地　**大谷地湿原**　霊仙寺山登山道
★低山帯の湿地・流れのそば　本州（青森県～石川県　日本海側地域）

　3　4　5　6　7　8　9　10　11　12月

茎は高さ1－2㍍にもなり、直立し上部で分枝します。頭花は2－5個あるいはそれ以上が散房状に密集してつくか塊状につき、直立－斜上して咲きます。総苞は鐘形、腺体がないため粘りません。総苞片は針状で斜上し、外片は上半部が尾状に長く伸びます。紅紫色の花柱もツーンと立ち上がっています。中部にある茎葉の葉柄は基部で耳状に茎を抱いています。

尾状に伸びる総苞片

背が高いね。

Data ●花：淡紅紫色／総苞片は6－7列　●葉：中部の茎葉は披針形－広楕円形・広卵形で変化に富み　低平な鋸歯があって全縁状－粗い鋸歯縁となるか　羽状に浅裂－深裂　●茎：1-2㍍　撮影：2014年8月18日

201

淡紅紫色の筒状花

サワヒヨドリ〔キク科〕多年草

Eupatorium lindleyanum var. lindleyanum

瑪瑙山登山道　西登山道　南登山道　一の鳥居苑地　**大谷地湿原**　霊仙寺山登山道
★日当たりのよい湿地

　　3　4　5　6　7　8　9　10　11　12月

大谷地湿原には、淡い紅紫色の花と白色の花をつけるものが生育していました。花は5個の筒状花が1個の頭花となり、さらに頭花が多数集まって散房状となります。筒状花は先が5裂し、5弁花のように見えます。筒状花の中心からは2分岐した長い花柱が伸び出します。葉はときに基部で3深裂－全裂し、6枚の輪生のように見えることもあります。果実は痩果。

5個の筒状花

とび出した花柱はひげのよう

白色の花

 Data ●花：淡紅紫色／総苞片は約10個　●葉：披針形／基部から3行脈が目立つ／対生／ほとんど無柄／両面に縮れた毛が多い　ふつう裏面に腺点がある／縁に鋸歯がある　●茎：0.3-0.6(-1)ﾒｰﾄﾙ／直立／縮れた毛がある　撮影：2014年9月12日

18から24枚の小葉

クサフジ 〔マメ科〕
つる状の多年草

Vicia cracca

瑪瑙山登山道　西登山道　南登山道　一の鳥居苑地　**大谷地湿原**　霊仙寺山登山道

★日当たりのよい山野の草地・林縁

```
  3   4   5   6   7   8   9   10   11   12月
```

青紫色の蝶形の花がやや一方に偏りながらたくさんつき、総状花序となっています。小葉は18－24枚、偶数羽状複葉です。葉は先端が分枝する巻きひげとなっています。この巻きひげで他の植物に巻きつきます。豆果は長楕円形で、中には2－6個の種子が入っています。和名"草藤"は花や草全体がフジに似ているからとのことです。

花序

ツルフジバカマより花穂は小さいよ。

Data ●花：青紫色／萼は筒形　頂端は歯状に5裂する　萼裂片は不同長　●葉：小葉は狭卵形／托葉は小さい　深く2裂　裂片は狭く先は尖る／互生　●茎：長さ1-1.5 ㍍に達する／つる状／稜線と細毛がある　撮影：2014年7月23日

203

大型植物

タケニグサ 〔ケシ科〕多年草
別名チャンパギク

Macleaya cordata

瑪瑙山登山道　西登山道　南登山道　一の鳥居苑地　大谷地湿原　霊仙寺山登山道
★日当たりのよい山野の荒地

　　　3　4　5　6　7　8　9　10　11　12月

丈は高く、葉も大きい大型植物です。茎の頂に大きな円錐花序をつけます。花序は遠くからでも目立ちます。花には花弁がありません。萼片は2個、白色で開花時には散り落ちます。花には多数のおしべがあり、葯は線形、花糸は糸状です。めしべは1個。柱頭は2裂します。果実は蒴果。倒披針形で平たい黄褐色の蒴果は、たくさん垂れ下がります。

訪花した昆虫

（果実は風に揺れ、サヤサヤ鳴るの？）

蒴果

Data ●花：白色ときに紅色を帯びる／萼片は倒披針形　長さ約1㌢　●葉：広卵形で羽状に中裂／長さ20-40㌢　巾15-30㌢　裏面は白く　ときに細毛が生える／互生
●茎：1-2㍍／円筒形　撮影：2015年8月18日

目立つ腺毛

ミヤマウグイスカグラ 〔スイカズラ科〕
落葉低木

Lonicera gracilipes var. glandulosa

瑪瑙山登山道　西登山道　南登山道　一の鳥居苑地　**大谷地湿原**　雲仙寺山登山道
★山地

　3　4　5　6　7　8　9　10　11　12月

雪解け間もない4月中旬、すでに新芽とつぼみが出ていて、下旬には早い花が開きました。枝から垂れ下がる細い柄につく淡紅色の花冠は、漏斗状で厚みがあります。花筒は細く、5裂片はほぼ同大。花筒、子房、花柄、若枝、葉柄につくたくさんの短い毛は、先端が丸くなっていて腺毛です。6月中旬、果実は紅熟していました。果実や果柄にも腺毛がついていました。

腺毛のつく果実

花は早く咲くんだね。

つぼみ

Data ●花：淡紅色／花柄の先端には線状の苞葉が1または2個ある　●葉：広楕円形・卵状楕円形／対生　●茎：約2㍍　※腺毛：維管束植物の体表にある毛の一種。粘液などを分泌する。茎・葉・花・苞などにあって形状は様々あるが、先端の膨れた棍棒状のものが最も多い　撮影：2016年5月7日

頭状の花

ミゾソバ 〔タデ科〕
一年草

Persicaria thunbergii var. thunbergii

瑪瑙山登山道　西登山道　南登山道　一の鳥居苑地　**大谷地湿原**　霊仙寺山登山道
★低山帯の水辺　人里地域

　3　4　5　6　7　8　9　10　11　12月

花は茎頂または上部の葉腋に、密な頭状をなしてつきます。花弁はありません。5裂する萼は、果時にはやや大きくなって痩果を包みます。痩果は3稜のある卵形です。ミゾソバの中には、茎の下部から枝を伸ばし、その先端に小さな閉鎖花をつけるものもあります。ふつう白色か帯緑色です。地中の閉鎖花は花を開かずそのまま自家受粉し種子をつくります。

地中の閉鎖花

葉は牛の顔に似ているよ！

開放花の痩果

閉鎖花の痩果

●**Data** ●花：萼は5裂　淡紅色・上部が紅色で下部が白色・白色など色の変化に富む　●葉：卵状ほこ形／互生／中部は多少くびれ基部は広い心形　両側に卵形で鈍くとがる耳部がある／両面に星状毛と剛毛がある　●茎：30-100㎝／ふつう下向きの刺毛がある　撮影：2014年9月12日

ネコの目のような果実

ネコノメソウ〔ユキノシタ科〕多年草

Chrysosplenium grayanum

瑪瑙山登山道　西登山道　南登山道　一の鳥居苑地　**大谷地湿原**　霊仙寺山登山道
★湿地・沢沿い

3　4　5　6　7　8　9　10　11　12月

花弁はなく、花弁のように見えるのは4個の萼裂片です。長円形で円頭の萼裂片は花時に直立します。おしべは4個。果実は蒴果で、中に多くの小さい種子が入っています。熟すと上部が裂け、種子は雨滴によってとび出したり、流れ出たりして散布されます。和名は裂開した果実の形が、瞳孔の閉じた猫の昼間の目に似ていることにちなむそうです。

裂開する果実(左)　裂開前の果実(右)

どれが葉っぱ？でどれが花？

種子

Data ●花：萼裂片は淡黄緑色・淡黄色／葯は淡黄色／花柱2個／子房は下位　2心皮からなる／蒴果は斜開し、2個の心皮の大きさが異なる　●葉：広卵形－卵円形／対生／縁に3－8対の内曲する鈍鋸歯　●花茎：4-20㌢　撮影：2009年5月10日

207

あけぼの色の花

アケボノシュスラン〔ラン科〕多年草

Goodyera foliosa var. laevis

瑪瑙山登山道　西登山道　南登山道　一の鳥居苑地　**大谷地湿原**　霊仙寺山登山道
★低山帯の主に落葉樹林の湿気のあるところ

　　3　4　5　6　7　8　9　10　11　12月

花は、側花弁が背萼片に密着しているので、開花してもつぼみのように見えます。花色は白色に、薄く透き通るようにやや肌色がかり、そこにほんのりと桃色がのっているよう。絶妙のグラデーションです。和名が明け方の空の色にたとえているのも納得です。深い緑色の葉は、縁が波打つようになっていて、葉脈がアクセントをつくっています。

花序

薄暗い足元が華やぐようだよ！

雪の中で

Data ●花：淡紅紫色／3－7花をやや偏ってつける／背萼片は狭卵形／側花弁は広倒披針形　背萼片に密着する／唇弁の基部は袋状　●葉：卵状楕円形／互生／鋭頭　●茎：5-10㌢／基部が地表近くをはう　上部は斜上　撮影：2015年8月17日

コラム 〈ラン科の花〉

ラン科の花はヤクシマラン属を除くと、一般に左右相称の形をしています。花は外花被片3個と内花被片3個から構成されています。その形状と配置の点から、外花被片は背萼片（1個）と側萼片（2個）と呼ばれます。内花被片は側花弁（2個）と唇弁（1個）と呼ばれます。

唇弁は形、大きさ、色彩などが顕著で目立ち、送粉者である昆虫の着地点になったりします。

ラン科の花には蕊柱という特有な構造があります。蕊柱は、おしべとめしべが合着して1個の柱状体を形成したものです。蕊柱には先端の上面に葯、下面に柱頭があります。葯はふつう2室で花粉塊を各室に入れます。花粉塊は多くの種では送粉者の体に張りつくための粘着体があります。花粉塊と粘着体はしばしば花粉塊柄でつながっているのだそうです。

ラン科の受粉は花粉がつまった花粉塊を送粉者である昆虫に運ばせ、受粉させるという独特な方法で行われるのです。

花の魅力に誘われた昆虫が唇弁に止まって花の奥に入ろうとしますと、粘着体がその昆虫の背中などに付着します。そして粘着体とつながっている花粉塊がそのまま昆虫に運ばれることになるのです。その昆虫が別の花に入ろうとした時、花粉塊は柱頭に付着されるのです。

大きな塊としてまとめられた細かい花粉。昆虫は花粉を他のラン科の花に届ける宅急便のようですね。

シュンランの唇弁と蕊柱

放射状に広がる雄壮な葉

オシダ

〔オシダ科〕シダ植物
夏緑性　多年生草本

Dryopteris crassirhizoma

瑪瑙山登山道　西登山道　南登山道　一の鳥居苑地　**大谷地湿原**　霊仙寺山登山道
★低山帯〜亜高山帯の林下

　　　3　　4　　5　　6　　7　　8　　9　　10　　11　　12月

大谷地湿原に群生しています。太い根茎から長い葉が多数、輪状に束生して放射状に広がります。"雄羊歯"の名の通り雄壮壮大。葉身は2回羽状に深裂から全裂。葉柄や中軸には、黄褐色から黒褐色の鱗片が密生しています。裂片の小脈は2又分岐します。胞子嚢群は裂片の中肋寄りに2列に並んでつき、裂片の先端部にはついていませんでした。

2列に並ぶ胞子嚢群(ソーラス)

恐竜時代を
連想させる！

立つ若い葉

放射状に広がる葉

Data ●葉：葉身は倒披針形　鋭頭　葉柄がある／羽片は多数開出してつき長楕円状披針形　鋭頭　無柄　羽状に深裂／下部の羽片は葉柄基部に向かうにつれ次第に小形となる／裂片は線状長楕円形　鈍頭ー円頭　縁に低く鈍い鋸歯　●根茎は太く直立
撮影：2014年6月11日

小さなキョウ

タニギキョウ 〔キキョウ科〕 多年草

Peracarpa carnosa

瑪瑙山登山道　西登山道　南登山道　一の鳥居苑地　**大谷地湿原**　霊仙寺山登山道
★低山帯〜亜高山帯の湿った林床

3　4　5　6　7　8　9　10　11　12月

花が咲いていないと、見過ごして通り過ぎてしまいそうな植物。小さな花ですが、確かにキキョウ科の花です。深く5裂する白色の花冠は、ほんのりわずか紫色を帯びている花もあります。花は茎の頂または上部の葉腋に上向きに1個つきます。花柄は細長く、果時には下垂します。蒴果は下に向き、ほとんど裂開しません。和名は谷間に生えるキキョウの意味とのことです。

花

足もとをよく見て！

果実

Data ●花：漏斗形　長さ5-8㍉／おしべ5個／柱頭は3裂／萼の筒部は倒円錐形　先が5深裂　裂片は3角形　●葉：卵円形／互生／裏面は白緑色　ときに淡紫色を帯びるものもある／縁に円鋸歯が数個ある　●茎：5-15㌢　撮影：2016年5月25日

211

不明瞭な萼裂片

ノササゲ 〔マメ科〕多年草

Dumasia truncata

瑪瑙山登山道　西登山道　南登山道　**一の鳥居苑地**　**大谷地湿原**　霊仙寺山登山道
★低地や山地の林縁など

　3　4　5　6　7　8　9　10　11　12月

花は長さ15－20㍉。花弁は淡黄色。萼は淡黄緑色で筒部は長くなっています。萼裂片は不明瞭でほとんど目立ちません。萼筒部を見ると、上端は下側（背軸側）の方が長いため、斜めに切ったような形になっています。豆果は倒披針形。熟すと濃い紫色になります。中に3－5個の種子が入っています。種子は黒紫色で、ほぼ球形です。

総状の花序

> 葉は
> 2等辺3角形
> みたいだよ！

豆果

 Data ●花：淡黄色／総状花序または葉腋に1－2個が束生／蝶形花／萼は筒状
葉：3小葉からなる／小葉は長卵形／互生／托葉は広線形／小托葉は針状　●茎：つる性／3㍍に達する　撮影：2016年8月21日

4裂する花冠の上唇

ヤマハッカ 〔シソ科〕多年草

Isodon inflexus

瑪瑙山登山道　西登山道　南登山道　一の鳥居苑地　**大谷地湿原**　霊仙寺山登山道
★山地の林縁・草地

3　4　5　6　7　8　9　10　11　12月

枝先に長い花穂を出し、唇形の花を数個ずつ何段もつけます。花冠の上唇は反り返って直立し4裂します。上唇の内面には紫色の斑点があります。下唇は舟形で前方につき出ています。おしべとめしべは下唇に包まれています。右写真で下唇の中から上向きに出ている、めしべの先が見られます。観察した花時に、萼はほぼ等しく5裂していました。果実は分果。

4裂する上唇

花は同じ方向に偏って咲いているよ！

対生する葉

Data ●花：青紫色／集散花序がやや狭い花穂をつくる／萼は鐘形で5中裂／おしべ4個　めしべ1個　●葉：広卵形－3角状広卵形／対生／葉柄に翼／やや鈍い鋸歯　●茎：40-100cm／稜上に下向きの毛がある　撮影：2014年9月17日

車輪状に並ぶ葉
クルマバソウ〔アカネ科〕多年草
Galium odoratum

瑪瑙山登山道　西登山道　南登山道　一の鳥居苑地　**大谷地湿原**　霊仙寺山登山道

★山地の林中・林床・木陰

3　4　5　6　7　8　9　10　11　12月

先が尖った狭長楕円形または倒披針形の葉が6－10枚、数段に輪生しています。花冠は漏斗形。白色の花冠の先は4裂し、筒部は1.2－2㍉です。横から見ると花冠の筒部と裂片の姿がよく分かります。果実は球形、かぎ状の長い毛が密に生えています。乾くとクマリンの芳香があるようです。名は葉が車状に並ぶことからついたとのことです。

漏斗形の花

クルマムグラと間違えそう。

かぎ状の毛が生える果実

Data ●花：白色／茎の先に2－3出集散花序を出す／萼筒は半球形または鐘形　短毛が生える　●葉：1本の中脈が目立つ／葉の縁と裏面脈上に上向きの毛がある　●茎：20-30㌢／直立／無毛　撮影：2014年6月8日

小穂から伸びる芒

チヂミザサ 〔イネ科〕
一年草または多年草

Oplismenus undulatifolius var. undulatifolius

瑪瑙山登山道　西登山道　**南登山道**　**一の鳥居苑地**　大谷地湿原　霊仙寺山登山道

★丘陵帯〜低山帯の林縁や林床　人里

　3　4　5　6　7　8　9　10　11　12月

花序は茎の先端に直立し、長さ6－12㌢。枝は短く、6－10個で、密に小穂をつけます。小穂は長さ約3㍉の卵形。小穂からイネ科特有の芒と呼ばれる針状の突起が伸びています。観察した芒は3本あり、長さはそれぞれ違っていました。果実が熟す頃になると、芒からは粘液を分泌し、果実を伴った小穂を動物や人の衣服等に粘着させ、種子の散布をはかります。

包穎
葯
柱頭
芒

小穂

芒は長さが違うよ！
芒に粘る露のような玉！

果実

種子

Data ●花：第1小花と第2小花があり、第2小花に両性花がある　●葉：広披針形／互生／縁は多少波打つ　●稈：10-30㌢／細い　基部は長く地をはって分枝し斜上する　撮影：2014年9月23日

1つが極端に小さい飾り花

ケナシヤブデマリ
〔ガマズミ科〕
別名ヒロハヤブデマリ
落葉低木または小高木

Viburnum plicatum var. plicatum f. glabrum

瑪瑙山登山道　西登山道　南登山道　一の鳥居苑地　**大谷地湿原**　霊仙寺山登山道

★本州の日本海側　山地

3　4　5　6　7　8　9　10　11　12月

水平に広がる枝に段状に咲く花は、遠くからでも目立ちます。大きな不稔の花（装飾花）は不同に5裂し、ふつう1つの裂片はとても小さいです。不稔の花に囲まれた中央の小さな花は完全花（両性花）。この花冠はクリームがかった白色で5裂します。核果は赤く、後に黒く熟します。本種は葉が大きく、葉の側脈が14対以上ーなどからケナシヤブデマリとしました。

1つだけ小さな不稔の花

蝶が舞っているような花だよ！

果実

Data ●花：白色／散房花序　●葉：円形・広倒卵形・倒卵形／先端は急鋭尖頭／側脈9－15対／対生／無毛または裏面に細かい星状毛がある／鋸歯がある　●幹：若い枝はほぼ無毛となり星状毛のみを散生する　撮影：2015年6月6日

合着する花糸

フタリシズカ 〔センリョウ科〕 多年草

Chloranthus serratus

瑪瑙山登山道　西登山道　南登山道　一の鳥居苑地　**大谷地湿原**　霊仙寺山登山道
★低山帯の林内

3　4　5　6　7　8　9　10　11　12月

ポツポツと白い粒が付着しているような花穂。大谷地湿原では2本が多いですが、1本や3本、4本のものもあります。白い粒のようなものは、おしべの花糸です。3個が合着していて一つに見えます。その中央のものは内面に葯を2個、両側のものは1個ずつつけます。合着した花糸は内側に曲がってめしべを包み、よく見ると、花序軸との間にめしべが見えました。

合着する花糸

とっくりのような形のめしべ(子房)?

めしべ(緑色)を包むおしべ(白色)

Data ●花：花被はない／穂状花序　2-6ゼ／夏に茎の下部の鱗片葉の腋からしばしば数個の閉鎖花をつけた細い花序をつける　●葉：下部の3-4対は鱗片状で小さい／上部の葉は楕円形・卵状楕円形　対生　先が尖る多数の鋸歯　●茎：30-60ゼ　撮影：2013年6月9日

217

離生する花被片

ホウチャクソウ 〔イヌサフラン科〕多年草

Disporum sessile var. sessile

瑪瑙山登山道　西登山道　南登山道　一の鳥居苑地　**大谷地湿原**　霊仙寺山登山道
★丘陵帯～低山帯の林床

　　3　4　5　6　7　8　9　10　11　12月

筒状鐘形の花冠は白色で、先端部は緑色を帯びています。その白と緑のグラデーションが美しいです。花序は茎頂につき、1－3（－4）花からなり、下垂して咲きます。長い花被片は6個あって離生します。花被片の基部には囊状の膨らみがあります。和名は"宝鐸草"の意。花の形が寺院の軒につるされている宝鐸（ほうたく）に似ているのでいうとのことです。

3裂する花柱の先

> 枝分かれしているね。

Data ●花：白色　端部では緑色を帯びる／おしべ6個　花柱の先は3裂　●葉：狭披針形－広卵形／互生／短い柄／先は漸鋭尖形－鋭形／基部は円い　●茎：15-60㎝
撮影：2014年6月8日

淡紅色の花

ハナタデ 〔タデ科〕一年草
別名ヤブタデ

Persicaria posumbu

瑪瑙山登山道　西登山道　南登山道　一の鳥居苑地　**大谷地湿原**　霊仙寺山登山道
★低山帯　山野の林縁・湿った林下　人里

| 3 | 4 | 5 | 6 | 7 | 8 | 9 | 10 | 11 | 12月 |

細長い花穂を出し、淡紅色の小花をまばらにつけます。花弁はなく、淡紅色の萼が5深裂しています。花の色には濃淡があるようです。痩果は3稜のある卵形、黒色で光沢があります。宿存萼に包まれています。イヌタデに似ますが、花のつき方は、間が離れてまばらなハナタデに対して、イヌタデは花が密について連続する花穂状をなし、紅色（まれに白色）です。

まばらにつく花

小さな
つぼみは
花か実か？

Data ●花：萼は紅色－白色／偽総状花序／おしべ8個　●葉：卵形－長卵形／先は尾状に細まる／互生／表面に時に黒色の斑紋がある／短い柄／托葉鞘は脈上に粗い毛がある／両面にまばらに毛　●茎：20-70㌢　撮影：2014年9月3日

219

長く突出する葯隔

クルマバツクバネソウ〔シュロソウ科〕多年草

Paris verticillata

瑪瑙山登山道　西登山道　南登山道　一の鳥居苑地　**大谷地湿原**　霊仙寺山登山道

★低山帯〜亜高山帯の林床

```
   3   4   5   6   7   8   9   10   11   12月
───┼───┼━━━┿━━━┿━━━┼───┼───┼───┼───┼───┼
```

茎の上部に6−8枚の葉が輪生してつき、車輪のようです。茎の頂につく緑色で披針形のものは、葉のようにも見えますが外花被片です。内花被片はなんと、ひげのよう。糸状線形で黄緑色の内花被片は、外花被片の間から外側へ垂れ下がっていて見過ごしそうです。ツンと長い線形のおしべの先の葯からは、さらに葯隔という線状のものが長く突き出ています。

花

てっぺんの実は、まさに つく羽根！

果実

Data ●花：外花被片通常4個(時に3個あるいは5−6個)／内花被片4個／花柱4個／おしべ8個　葯は長さ5-8㍉　葯隔(被子植物の葯は普通2個の葯室よりなる。花糸の先端で葯室を連結する部位)が長く突出　●葉：長楕円状倒披針形　●茎：20-50㌢　撮影：2014年6月1日

緑白色の花被片

バイケイソウ〔シュロソウ科〕
多年草

Veratrum album subsp. oxysepalum

瑪瑙山登山道　西登山道　南登山道　一の鳥居苑地　**大谷地湿原**　霊仙寺山登山道
★低山帯〜高山帯の林床と草原

　3　4　5　6　7　8　9　10　11　12月

大型で、高さ1.5㍍にもなります。大きな葉には縦のひだが多数あります。大きな円錐花序は茎頂に立ちます。白い花被片に緑色の線があり、縁には毛状の鋸歯があります。おしべは花被片の約半分の長さで、花糸は直立し先の方が外へ反ります。花柱も外へ反ります。果実は蒴果。和名"梅蕙草"は、花が梅を思わせ、葉は蕙蘭(けいらん)に似ていることによるようです。

花序

花穂が長いね。

若い葉

Data ●花：緑白色／円錐花序／花被片6個／おしべ6個　花柱3個　●葉：茎葉は基部のものは鱗片状で茎をかこみ中部以上につくものは広楕円形－長楕円形／基部は鞘となり茎をかこむ／互生　●茎：60-150㌢　撮影：2013年7月23日

221

後方に反り返る側萼片

トンボソウ 〔ラン科〕多年草

Platanthera ussuriensis

瑪瑙山登山道　西登山道　南登山道　一の鳥居苑地　**大谷地湿原**　霊仙寺山登山道
★低山帯〜亜高山帯の山林内

　3　4　5　6　7　8　9　10　11　12月

淡緑色の小さな花は、それぞれ別の方向に咲いているような感じです。背萼片は広楕円形、長さ約2㍉。側萼片は狭長楕円形で斜め後方に反り返ります。側花弁は狭卵形、背萼片とともにかぶと状になり蕊柱を囲みます。唇弁は長さ3－3.5㍉。基部から3裂し、左右の側裂片が小さく横に張り出てT字形にも見えます。中裂片は幅広く舌状、やや斜め前方に下垂します。

淡緑色の花

花はトンボが飛んでるみたいだよ！

総状花序につく花

Data ●花：淡緑色／総状花序／苞は狭披針形／距は長さ4-6㍉　前方に垂れ下がる
　　　●葉：狭長楕円形・倒披針形／長さ8-13㌢幅1-3㌢／下部にやや接して2葉があり、その上部に数個の鱗片葉がある　●茎：15-35㌢　撮影：2015年7月13日

222

側小葉より大きい頂小葉

オオバタネツケバナ 〔アブラナ科〕多年草

Cardamine regeliana

瑪瑙山登山道　西登山道　南登山道　一の鳥居苑地　**大谷地湿原**　霊仙寺山登山道
★山地あるいは原野の水湿地・谷川沿い

茎の基部がはって枝を分け、上部は直立します。茎はほとんど無毛です。頂小葉は大型で菱形状卵形、裂片は鈍頭です。総状花序は多くの花をつけます。花弁は白色、倒卵形。萼片は先が紫色を帯びていることが多いです。花序の軸ははじめは短いですが、果実が熟すころにはかなりの長さになり、長角果をつけます。長角果は線形で毛はありません。

白色の十字形花

種がパチパチ弾けます。

長角果と種子

Data ●花：白色／総状花序は花後に伸びる／花弁4個　萼片4個／おしべふつう6個／めしべ1個　●葉：羽状複葉　側小葉は1－5対／小葉は卵形－長楕円形／頂小葉の縁は不規則に切れ込む／互生　●茎：20-40㌢　撮影：2016年4月26日

223

太い根茎

ワサビ 〔アブラナ科〕 多年草

Eutrema japonicum

瑠璃山登山道　西登山道　南登山道　一の鳥居苑地　**大谷地湿原**　霊仙寺山登山道

★山間の涼しい谷川の浅瀬・深山の澄んだ渓流

```
  3   4   5   6   7   8   9   10   11   12月
```

太く円柱状の根茎は多くの節があり、葉痕が目立ちます。根出葉は円形で基部は心形、長い柄があり、数個－多数が束生します。茎は直立し、数個の互生する葉をつけます。総状花序の花は白色で小形の十字形。下から順次開き、花が終わると花軸が伸びて長角果をつけます。長角果は長い柄があって下垂し、数珠状にくびれ、中に6－8個の種子を含みます。

花序

> ここも清流が流れています。

Data ●花：白色／花弁4個　おしべ6個／めしべ1個／花序は葉状の苞を各花につける　●葉：根出葉は縁に波状の鋸歯／茎葉は柄があり卵形または心形　●茎：50-75

撮影：2013年4月14日

袋状の蒴果

ミツバウツギ〔ミツバウツギ科〕
小高木

Staphylea bumalda

瑪瑙山登山道　西登山道　南登山道　一の鳥居苑地　**大谷地湿原**　霊仙寺山登山道
★低山帯の湿潤地

| 3 | 4 | 5 | 6 | 7 | 8 | 9 | 10 | 11 | 12月 |

大谷地湿原のあちらこちらに生育しています。葉は対生し3小葉からなります。花弁は萼裂片より少し小さくて平開していません。緑色から熟すと褐色になる蒴果は、わずかに膨らんだ平たい風船状。上部が2ないし3に分かれたユニークな形で、花柱が宿存し、中に淡黄色の種子が入っています。和名はウツギに似た花が咲くが、葉は3小葉であるためとのこと。

蒴果

果実は折紙の奴さんの袴の形！

つぼみとクモ

袋果の中の種子

Data ●花：白色／円錐花序／花弁・萼裂片各5個／おしべ5個　めしべ1個　●葉：小葉は卵形・狭卵形／葉柄がある／鋭尖頭／先が芒状にとがる鋸歯がある　●幹：1.5-3
撮影：2013年7月23日

枝にたくさんの刺

メギ 〔メギ科〕別名コトリトマラズ
落葉低木

Berberis thunbergii

瑪瑙山登山道　西登山道　南登山道　一の鳥居苑地　**大谷地湿原**　霊仙寺山登山道
★山地・野原

| 3 | 4 | 5 | 6 | 7 | 8 | 9 | 10 | 11 | 12月 |

幹は分枝し、枝は褐色で縦溝と稜があり、刺が目立ちます。短枝の先から垂れ下がる花序を出し、緑黄色の花をつけます。秋の紅葉がきれいです。果実は楕円形の液果で秋に赤く熟します。和名は"目木"の意で、洗眼薬に用いられたためとのこと。別名コトリトマラズは、刺が多くて小鳥も止まることができないことによるとのことです。

花

> 刺は葉が変形したんだって！

つぼみ

Data ●花：花序は総状または花序柄が短くて散形状になる／花弁・萼片各6個／おしべ6個　めしべ1個　●葉：倒卵形・楕円形／鈍頭ないし円頭／短枝に集まってつくか長枝に互生する／裏面は帯白色／全縁　●幹：2㍍ほど　撮影：2017年5月21日

細長い花被片
サイハイラン 〔ラン科〕多年草

Cremastra variabilis

瑪瑙山登山道　西登山道　南登山道　一の鳥居苑地　**大谷地湿原**　霊仙寺山登山道
★低山帯の林内

　　3　4　5　6　7　8　9　10　11　12月

細長く渋い色彩の花が多数、下向きにつきます。萼片と側花弁は線状披針形で、長さ3－3.5ｾﾝﾁ、幅4－5ﾐﾘ。唇弁は長さ約3ｾﾝﾁ。基部が少しふくれ、全長の3分の2が蕊柱を抱え、先端部で3裂します。唇弁と蕊柱には紅紫色の模様が入り、この花のアクセントになっています。和名は"采配蘭"の意で、花序の様子を"采配"に見立てたものだそうです。

鮮やかな唇弁からのぞく蕊柱

秋に1枚葉が出ているよ！

Data ●花：淡緑褐色で紅紫色を帯びるものが多いが、花色の変異に富む／やや密に総状につける　●葉：狭長楕円形／葉は普通1枚つけ夏には枯れ、秋に新葉が出て冬を越す　●花茎：30-50ｾﾝﾁ／基部は鞘状葉に包まれる　撮影:2014年6月25日

227

垂れ下がる茎葉

アズマイチゲ〔キンポウゲ科〕
多年草

Anemone raddeana

瑪瑙山登山道　西登山道　南登山道　一の鳥居苑地　**大谷地湿原**　霊仙寺山登山道

★落葉樹林の林縁・林床

｜　3　4　5　6　7　8　9　10　11　12月

大谷地湿原では、雪解けを待ちかねたようにナニワズに続き開花します。茎に1個頂生する花は、はじめ下向き、やがて上向きとなり日が当たると開きます。花弁はなく、白い狭長楕円形の花弁に見えるのは萼片です。観察した芽生え時、3枚が輪生する茎葉は、つぼみを抱えているようでした。花が開くようになると、茎葉はだらりと垂れる感じに葉を広げます。

茎葉とつぼみ

早春植物だよ！

訪花した昆虫

Data ●花：白色で裏面は青紫色を帯びる　萼片は8－13個／おしべ・めしべ多数
●葉：根出葉は1枚　2回3出複葉　小葉は3浅裂／茎葉は3枚　3全裂　小葉は3歯があるか浅く切れこむ　●茎：10-25㌢／早春に地上に現れ　初夏に枯れる　撮影：2013年4月14日

コラム〈春植物〉

　　　　　　　　　　雪解けの大谷地湿原。2013年4月5日、アズマイチゲが咲いていました。15日にはニリンソウも花を咲かせていました。夏のころには、アズマイチゲもニリンソウも姿が見えません。不思議、どうしたのかなと思いました。

　2016年5月5日、瑪瑙山登山道ではヤマエンゴサクとキクザキイチゲが花を咲かせていました。これもいつの間にか姿が見えなくなりました。アズマイチゲやニリンソウ、ヤマエンゴサク、キクザキイチゲ、カタクリ(飯縄山登山道には見られません)などは春植物または早春植物(スプリング・エフェメラル)と呼ばれる植物とのことです。

　春植物とは、早春に伸びた地上部は初夏には枯れ、次の春までは地中で過ごす一連の植物のこと。

　春植物は、なぜ、春にだけ地上に出てくるのでしょう？

　春植物は落葉広葉樹林に適応した植物のようです。落葉広葉樹林は、早春には樹木の葉がまだ出てきません。林床には太陽の日差しが十分に入り込みます。この時期、この明るい場所で花を咲かせるのがこの種の植物。やがて、木々に新芽が出て若葉が広がり始めると、林内は次第に暗くなっていきます。それでも夏まではやや明るい林床。この種の植物は、この光が十分に当たっている間に、太陽の光を受けて光合成を行う。そしてその栄養を根茎や鱗茎など地下茎に蓄えるとのこと。その後は、来春まで地中で過ごします。

　春の陽光の中、精一杯可憐な花を咲かせ、まだ数少ない昆虫に受粉の媒介を託し、光合成を行い栄養を蓄え、あとは地中で過ごす春植物。新たな早春、春の陽光が差し込んでくるのを林床の下でじっと待っているのです。

3枚の小葉
ミツガシワ 〔ミツガシワ科〕多年草
Menyanthes trifoliata

瑪瑙山登山道　西登山道　南登山道　一の鳥居苑地　**大谷地湿原**　霊仙寺山登山道
★低山帯の池・沼

3　4　5　6　7　8　9　10　11　12月

根出葉は3小葉からなり、柄は基部が鞘となります。花冠は、つぼみの時には先端が淡紅紫色を帯びます。株により、おしべが長く花柱が短い花や、その逆の花をつけます。大谷地湿原での生育確認は、2010年の場所ではできませんでしたが、違う場所でできました。2015年5月16日、やっと花が咲きました。咲き始めの花冠の縁は淡紅紫色でした。果実は蒴果です。

短花柱花（左）　長花柱花（右）

氷河期からの残存植物だって！

果実

種子

Data ●花：白色　ときに淡紅紫色を帯びる　花冠は漏斗形　裂片の内面に白毛が密生／総状花序／おしべ5個　めしべ1個　●葉：小葉は卵状楕円形・菱状楕円形／縁に鈍歯があるか、やや全縁／厚質　●花茎：20-40㌢　撮影：2015年5月16日

花弁の下に萼片と副萼片

ヒメヘビイチゴ 〔バラ科〕
多年草

Potentilla centigrana

瑪瑙山登山道　西登山道　南登山道　一の鳥居苑地　**大谷地湿原**　霊仙寺山登山道
★低山帯の草地　やや湿った場所・林縁

| 3 | 4 | 5 | 6 | 7 | 8 | 9 | 10 | 11 | 12月 |

大谷地湿原では地を埋め尽くすように生育しています。茎は細く、分枝し、はじめ斜上または傾伏、後に伸長して匍匐し、節から根を出します。花は匍匐枝から腋生した花柄上に1個。頂生ですが、葉に対生するように見えます。黄色の5弁花で、萼片と副萼片が各5個、ほぼ同長で先は尖ります。花床は球形に膨らまず赤くなりません。痩果は広卵形、褐色です。

副萼片と萼片と花弁（裏側から見る）

まるっこい葉っぱだよ！

若い痩果

 Data ●花：径6-8㍉　おしべ15－20個　心皮は多数／萼片は狭卵形　鋭頭／副萼片は披針形－長楕円形　鋭頭－鋭尖頭／花柄は細く長さ1-4㌢　●葉：3出複葉　長い柄がある／小葉は倒卵形－楕円形／托葉は披針形－卵形／歯牙状鋸歯縁　撮影：2014年6月8日

231

緑白色の大きな花

ウバユリ 〔ユリ科〕多年草

Cardiocrinum cordatum var. cordatum

瑪瑙山登山道　西登山道　南登山道　一の鳥居苑地　**大谷地湿原**　霊仙寺山登山道

★低山帯の林床

　3　4　5　6　7　8　9　10　11　12月

地下に鱗茎があり、鱗茎は少数の鱗片からなるそうです。年を経て鱗茎が太ると、大きな茎が伸び、高さ60－100㌢に達します。長さ7－10㌢の花は花被片が緑白色、内面に淡褐色の斑点があります。めしべは長く、おしべ6個はそれぞれ長さが違い、めしべに沿うようについています。和名"姥百合"は、花期に枯れる基部の葉を歯に掛けてこの名があるという。

楕円形の蒴果

オオウバユリより花の数は少ないよ。

若苗の根出葉

Data ●花：緑白色　花被片は倒披針形／総状花序／葯は淡褐色　●葉：卵状長楕円形／茎の中部以下に数枚集まってつく／網状脈がある／長い柄がある　●茎：60-100㌢　撮影：2013年7月23日

232

コラム〈ウバユリの種子〉

　2016年3月8日、大谷地湿原。雪の上に茶白褐色のものがたくさん落ちていました。周りは銀白色で半透明な膜質なものがつき、中央のものは薄茶色で半円形。

　これはウバユリの種子です。種子はどのように散布されるのでしょう？

　果実は蒴果。楕円形で若い時は緑色、上向きに立ちます。果実は成熟し（長さ4－5㌢ほど）こげ茶色になると、頂から3裂します。果実の中を見ると各裂片には内側に縦方向に仕切りがあり、6つの部屋に分かれるようになっています。この部屋毎に種子が入っています。

　種子はびっしり、薄い煎餅を積み重ねたようにきっちり整然と部屋に収まっています。観察したものは1つの果実に385個の種子が入っていました。1個体では数千個の種子を産することになります。これだけの種子がどのようにできたのでしょう。驚きです。

　膜がある種子の長さは10－13㍉ほどで扁平な形。軽そうな種子、膜は翼のようです。

　種子は簡単には飛び散ることはできません。3裂した果実の各裂片の間には白い繊維がブラインドのようについています。この繊維が張っているため種子は果実からこぼれ落ちません。飛び出すことができません。

　膜のある種子は風だのみ。では、ウバユリの種子はどのように風をつかむのでしょう。じつは、風は果実の開いた裂片間の繊維の細長いすき間から吹き込むことができます。このすき間から吹き込んだ風にあおられて、軽い種子は吹き上げられて飛び出していくものと思われます。ある程度の強い風が吹き込んできた時、種子は巻き上げられるように、いっきに浮き上がって飛び出していくのでしょう。

　ウバユリの種子は膜を利用して風の力で散布される、風散布型種子なのです。

刺状の3歯がある萼の上唇

ハエドクソウ 〔ハエドクソウ科〕多年草

Phryma nana

瑪瑙山登山道　西登山道　南登山道　一の鳥居苑地　**大谷地湿原**　霊仙寺山登山道

★低山帯の林縁・林内

　3　　4　　5　　6　　7　　8　　9　　10　　11　　12月

スーっと細長い茎が伸び、小さな花が穂状に咲いていました。花冠は筒状で先は2唇形。短い上唇は浅く2裂、下唇は広く開いて3裂します。萼も筒状で先は唇形となり、上唇の先端に刺状のやや長い3歯があり、下唇には小型の2歯があります。果実は蒴果で萼に包まれます。萼の上唇の3歯は生長して硬く鋭くなり、動物などの体にくっつき種子を散布します。

紅色の萼上唇の3歯

（実は下を向いているよ。）

果実期の萼

Data ●花：白色でしばしば淡紅色を帯びる　はじめ上向き　開花時は横を向き　果期には下向きになる　細長い穂状花序　長さ10-20㌢／おしべ4個　●葉：卵円形・長楕円形／対生／粗い鋸歯　●茎：50-70㌢　撮影：2015年8月9日

枝に翼
ニシキギ 〔ニシキギ科〕
落葉低木

Euonymus alatus f. alatus

瑪瑙山登山道　西登山道　南登山道　**一の鳥居苑地**　大谷地湿原　霊仙寺山登山道
★低山帯

　3　　4　　5　　6　　7　　8　　9　　10　　11　　12月

枝にはコルク質の翼が板状についています。果実は蒴果で、分果は楕円形ないし倒卵形。秋に濃紅紫色に熟した実は乾くと暗褐色－灰色となり、裂開して、朱色で光沢のある仮種皮（かしゅひ）に包まれた1個の種子を下垂させます。和名"錦木"の字の通り、秋に錦のような美しい紅葉が見られます。枝にコルク質の翼ができないものはコマユミといいます。

朱色の仮種皮

翼はなんの役に立つのかな？

種子が出る

枝の翼

Data ●花：黄緑色／花序は集散状／花弁4個／おしべ4個／子房は花盤に埋もれる
●葉：倒卵形・長楕円形／対生　ときに偽対生／鋭頭・急鋭尖頭／基部はくさび形
まれに円形／鋭い細鋸歯　●幹：2-3㍍　撮影:2015年5月29日

235

葉腋に1個ずつつく花
ヒメナミキ 〔シソ科〕多年草

Scutellaria dependens

瑪瑙山登山道　西登山道　南登山道　一の鳥居苑地　**大谷地湿原**　霊仙寺山登山道
★湿地

| 3 | 4 | 5 | 6 | 7 | 8 | 9 | 10 | 11 | 12月 |

花は対生する葉の葉腋に1個ずつき、2個が並んで咲きます。ほんのりと淡い紅紫色を帯びた花冠は、筒部に白い毛が生えています。唇形で下唇の内部には紫色の斑点があります。萼も唇形で、上唇には半円形の隆起があります。果実は分果で、宿存性の萼に包まれています。和名"姫浪来"はナミキソウに似て小形だからとのことです。

萼上唇の隆起

葉っぱは3角形。

3角状卵形の葉

Data ●花：白色でときにわずかに淡紅紫色を帯びる／基部は少し上向きに曲がる　●葉：3角状披針形・3角状卵形／先は鈍頭／基部は浅い心形／1-3対の低い鋸歯がある　●茎：10-60㌢／わずかに分枝する　撮影：2014年9月12日

針状に尖る萼の裂片

ヒメシロネ〔シソ科〕多年草

Lycopus maackianus

瑪瑙山登山道　西登山道　南登山道　一の鳥居苑地　**大谷地湿原**　霊仙寺山登山道
★山間の湿地

| 3 | 4 | 5 | 6 | 7 | 8 | 9 | 10 | 11 | 12月 |

細長い葉は真上から見ると、十字形になる十字対生についています。花冠は白色で短い筒状。上唇は直立して先は浅く凹み、下唇は3裂して平らに開きます。下唇には紅紫色の斑紋があります。花後は、裂片が針状に鋭く尖る萼が目立ちます。果実は4分果。和名"白根"は地下茎が白いことから。"姫白根"は小形のシロネの意味とのことです。

花冠と萼

シロネより葉が細いよ。

Data ●花：白色／萼は5中裂／花柱は花冠より突き出て先は2裂　●葉：中部以上のものは披針形－広披針形　幅5-15㍉　基部は円形でごく短い柄がある／上部のものは次第にやや小さくなる／対生／鋭い鋸歯　●茎：30-70㌢／直立／4角　撮影:2014年9月17日

ゆがんだ卵形の果実

ミヤマニガウリ 〔ウリ科〕
一年生のつる性草本

Schizopepon bryoniifolius

瑪瑙山登山道　西登山道　南登山道　一の鳥居苑地　**大谷地湿原**　霊仙寺山登山道
★低山帯のやや深い山地

```
  3   4   5   6   7   8   9   10  11  12月
  ┼───┼───┼───┼───┼───┼───┼───┼───┼───┼
                      ━━━━━━━
```

つるは細く長く伸び、巻きひげが他の物に絡みついて生長します。巻きひげは2分枝し、これも長いです。雄株と両性花株があります。雄花は総状につき、花を多数つけます。花冠は白色で5深裂。両性花は葉腋から出る長い柄の先につきます。花弁は雄花の花弁より厚めに見えました。下位子房は卵形。果実は液果。ややゆがんだ卵形で熟すと3裂開します。

両性花　（上○写真は雄花）

実は小さな瓜。

果実

Data ●花：雄花　白色／両性花　花柱は短く厚くて中部まで3裂　柱頭は3個　●葉：円心形−卵心形／互生／長柄／鋭尖頭／巻きひげは2分枝する　●茎：細い　撮影：2014年9月17日

栄養葉と胞子葉

クサソテツ 〔コウヤワラビ科〕別名コゴミ
夏緑性　シダ植物　多年生草本

Matteuccia struthiopteris

瑪瑙山登山道　西登山道　南登山道　一の鳥居苑地　**大谷地湿原**　霊仙寺山登山道

★山地の明るい草原・湿地

　　　3　4　5　6　7　8　9　10　11　12月

葉に栄養葉と胞子葉との二形があり、根茎から束生します。春に出る栄養葉の新芽はクルクル巻いていて、鮮緑色の若葉は"コゴメ""コゴミ"と呼ばれます。やがて栄養葉は50－100㌢前後になり、葉を放射状に広げます。胞子葉は秋、栄養葉の集まりから伸び出します。右写真の胞子葉は丈40㌢ほどでした。はじめ濃緑色、後に暗褐色となり、冬季も宿存します。

胞子葉

秋になると胞子葉が立ち上がるよ!!

胞子嚢群

裏に巻いた胞子嚢群

Data ●栄養葉：倒卵状披針形／下部の羽片が次第に小さくなる／羽片は30－40対も生じ羽状に深裂する　●胞子葉：栄養葉より短い／羽状に分裂し、羽片は幅狭く縁は羽状に浅く裂け、裂片も縮小し裏側に巻いて胞子嚢群を包む　撮影:2015年5月19日

239

針状の2個の小苞

イノコヅチ 〔ヒユ科〕 多年草
別名ヒカゲイノコヅチ

Achyranthes bidentata var. japonica

瑪瑙山登山道　西登山道　南登山道　一の鳥居苑地　**大谷地湿原**　霊仙寺山登山道
★低山帯下部・人里

```
  3   4   5   6   7   8   9   10  11  12月
```

花の基部に苞1個と、上側に小苞2個があります。苞は小型で膜質、先が針状で花後も残ります。小苞は針状で、基部に極微小な白っぽく見える付属片がついています。小苞2個は果期にも花被とともに果実に残り、動物の体や人の衣服に付着します。和名は"豕槌"。茎の節がしばしば肥大し、これをイノシシの膝頭に見立てたとの説もあります。

花に訪れた昆虫

> 節はうすい
> ピンクに
> 染まるよ。

小苞

肥大した節

Data ●花：淡緑色／穂状花序／花被片5個　線状披針形　長さ4-5㍉／おしべ5個／花糸と花糸の間の仮おしべは低く不規則に歯裂する／花柱1個　●葉：長楕円形・倒卵状長楕円形／対生／鋭尖頭　●茎：50-100㌢　撮影：2015年8月9日

コラム〈大谷地湿原の花〉

　前著『飯縄山登山道　植物ふしぎウオッチング』に載せた植物で、大谷地湿原にも生育する植物。そのいくつかです。

ナニワズ　　ショウジョウバカマ　　リュウキンカ　　ミズバショウ

クリンソウ　　マムシグサ　　チゴユリ　　ベニバナイチヤクソウ

ジンヨウイチヤクソウ　　オオヤマサギソウ　　メタカラコウ　　サラシナショウマ

アケボノソウ

ツリフネソウとキツリフネ

コバノフユイチゴ（マルバフユイチゴ）

3裂する葉

カンボク 〔ガマズミ科〕
落葉小高木

Viburnum opulus var. sargentii

瑪瑙山登山道　西登山道　南登山道　一の鳥居苑地　**大谷地湿原**　霊仙寺山登山道
★山地

3　4　5　6　7　8　9　10　11　12月

対生し、中ほどまで3裂するやわらかげな葉は、カエデの葉のようにも見えます。散房花序は短い側枝の先にふつう2対の葉とともにつき、5－7本ほどの散形の花序枝があります。花序の中央には小さな花が多数。鐘状車形の完全花です。回りの大きな花は不稔の花（装飾花）。白色でふつう5深裂します。秋、核果はほぼ球形で濃赤色になります。

完全花は両性花

装飾花は大きくてみごと！

濃い赤色の果実

Data ●花：完全花の花冠はクリーム色がかった白色　不稔の花は白色／完全花の花冠裂片は扁平な半円形　反曲する／おしべは5個　●葉：広卵形／まれに単葉／脈は3行脈／基部のほうを除いて粗い鋸歯がある　撮影：2013年6月9日

一面に咲く白花

ニリンソウ 〔キンポウゲ科〕
多年草

Anemone flaccida var. flaccida

瑪瑙山登山道　西登山道　南登山道　一の鳥居苑地　**大谷地湿原**　霊仙寺山登山道
★温帯林の林床・林間の草地（しばしば大きな群落をつくる）

　3　4　5　6　7　8　9　10　11　12月

早春の大谷地湿原に、白い花が群れて一面に咲き広がります。茎や葉は初夏には枯れますが、2017年の大谷地湿原では6月7日には枯れていました。茎の先に3個の輪生する無柄の茎葉（総苞葉）がつき、その中心から1－3個の長い花柄が出て、先端にそれぞれ花1個つきます。和名は"二輪草"。花はふつう2個ですが、1または3個のこともあります。果実は痩果。

長い柄の先に1花

2つ目の花は少しおくれて咲き始めます。

つぼみ

Data ●花：ふつう白色　ときに背面が淡紅紫色あるいは両面とも緑色　萼片はふつう5個／花弁はない／おしべ・めしべ多数　●葉：根出葉は1－6枚　3全裂　小葉は広菱形－倒卵形・広倒卵形／茎葉は上面に白斑があり　下面に伏毛がある　●茎：10-55㌢　撮影:2013年5月15日

243

幹が中空

ウツギ〔アジサイ科〕
別名ウノハナ　落葉低木
Deutzia crenata var. crenata

瑪瑙山登山道　西登山道　南登山道　一の鳥居苑地　**大谷地湿原**　霊仙寺山登山道

★低山帯の向陽山林・原野

　　3　4　5　6　7　8　9　10　11　12月

たくさんの白い花を開きます。花弁よりわずかに短いおしべが10個。花糸は写真のように特徴的な形をしています。花糸は翼状に広がっていて、その上端には1対の歯牙があるのです。花柱は3－4個あり、花弁とほぼ同じ長さです。蒴果は木質、椀状で、花柱が残ってついています。和名は空木という意味で、幹が中空であるところからきているとのこと。

花糸と3個の花柱

（蒴果は独楽になるかな？）

花柱が残る果実

Data ●花：白色／花弁5個／萼片は5個　卵状3角形／花序に星状毛が密生　●葉：卵形・楕円形・卵状披針形／葉柄に星状毛がある／対生／微細な鋸歯　●幹：2ﾒｰﾄﾙ　ときに4ﾒｰﾄﾙにもなる　撮影：2015年7月3日

244

見えないおしべとめしべ

ムラサキケマン 〔ケシ科〕二年草

Corydalis incisa

瑪瑙山登山道　西登山道　南登山道　一の鳥居苑地　**大谷地湿原**　霊仙寺山登山道
★低地の林縁・人家近く

| 3 | 4 | 5 | 6 | 7 | 8 | 9 | 10 | 11 | 12月 |

花弁が4個。外側2個のうち上側のものが最大で、後端に距があり後方へ突き出します。対する下側のものは短く、後端で花柄につきます。外側上下花弁の内側にある2個の花弁は同形でやや小さく、先端で合着して嚢状となり、めしべとおしべを包みます。蒴果は線状長楕円形。熟すと裂け、果皮が素早く巻き返って、黒い光沢のある種子をはじき飛ばします。

花

果皮が勢いよく巻き返りパチッと跳び出す種！

裂開した果実

丸まってめくれた果実と種子

Data ●花：紅紫色　ときに白色・一部白色／総状花序／おしべは2個で　花糸は先端で3分岐してそれぞれ葯をつける／萼片は2個　小さく　糸状に分裂する　●葉：やや3角状卵円形／2回3出の複葉　●茎：20-50㌢　撮影：2016年5月4日

245

大きい副萼片

ヤブヘビイチゴ 〔バラ科〕多年草

Potentilla indica

瑪瑙山登山道　西登山道　南登山道　一の鳥居苑地　**大谷地湿原**　霊仙寺山登山道

★低山帯の湿潤草地

｜ 3 　4　 5　 6　 7　 8　 9　 10　 11　 12月

形態はヘビイチゴに似ていますが全体的に大型です。萼の外側に副萼片がつきます。副萼片は葉状で大きく、先が歯牙状に裂しています。萼片と副萼片は花後も宿存します。果実期には花床が球状に膨らみ果床となります。果床は径 10 － 21㍉のほぼ球形で、赤色で光沢があり無毛。この表面に多数の痩果が着生します。痩果は紅色、ほぼ平滑で光沢があります。

葉状の副萼片と萼に包まれた果床（赤色）

黄色くて大きい花！

ヤブヘビイチゴの果実

ヘビイチゴの果実

Data ●花：黄色／花弁5個／萼片（狭卵形で尖る）・副萼片5個　●葉：3出複葉／小葉は菱状楕円形／互生／単鋸歯をつけるが非常にまれに2重鋸歯になる　●茎：匍匐枝がある　撮影：2016年5月28日

Column Vol.26

コラム〈昆虫と花粉・蜜〉

　花は昆虫に花粉と蜜を提供します。昆虫は動かない植物に代わって花粉を媒介してやります。花を訪れ花粉や蜜を食す主な昆虫は、チョウ・ガ類、甲虫類、アブ・ハエ類、ハチ・アリ類です。

　チョウやガ。成虫の口吻は細く長いストロー状の管で、花の蜜を吸います。甲虫のハナムグリなどは口器で花粉や蜜を舐めとります。アブやハエは口器で蜜や花粉を舐めとりますが、長い口吻で蜜を吸うビロードツリアブのような仲間もいます。

　ハチそしてアリ。花とのかかわり方は種ごとに異なっていますが、この中でもトラマルハナバチなどが属するマルハナバチの仲間は花と密接な関係を結んでいます。マルハナバチには種によって長さが違いますが、花蜜を吸うのに適した長い口器(中舌)があります。この口器(中舌)を花にさし込んで、隠された蜜を吸うのです。体には花粉を集めるのに役立つ密に生えた体毛と、後脚には花粉を運ぶために特殊化した"花粉かご"があります。アシナガバチやクロスズメバチなども花を訪れ蜜を舐めとりますが、蜜が露出しているか浅い場所にある花を訪れます。

巴の形をした花
トモエソウ 〔オトギリソウ科〕
多年草

Hypericum ascyron var. ascyron

瑪瑙山登山道　西登山道　南登山道　一の鳥居苑地　**大谷地湿原**　霊仙寺山登山道
★山野の草地

```
    3   4   5   6   7   8   9   10  11  12月
```

径5㌢内外の大きな5弁花です。花弁はともえ状にねじれています。真ん中では多数の黄色いおしべが集まり、5束に分かれているように見えます。おしべの中央に立つ花柱は、全長の1/3－2/3の高さまで合着し、先は5裂して反り返っていました。葉を透かして見ると、明点があります。蒴果は球状円錐形。花柱が宿存します。

つぼみと花

黄花の風車がクルクル！

先が5裂する花柱

Data ●花：黄色／花弁5個　長楕円形で先端が曲がる／萼片は5個　不等長／花柱はまれに基部から離生する　●葉：披針形－長楕円形－卵状長楕円形／対生／黒点はない／基部はなかば茎を抱く／全縁　●茎：50-130(-200)㌢／直立／4稜がある
撮影：2014年8月2日

4枚輪生の葉

アカネ 〔アカネ科〕 多年生のつる草

Rubia argyi

瑪瑙山登山道　西登山道　南登山道　一の鳥居苑地　**大谷地湿原**　霊仙寺山登山道
★山野

```
   3   4   5   6   7   8   9  10  11  12月
```

茎には4稜があります。稜上には下向きのごく短い刺があります。葉は長い柄があり、4枚が輪生します。夏から秋にかけて、葉腋から集散花序を伸ばし、多数の黄緑色の小さな花をつけます。果実は液果。球形で熟すと黒色となります。根は黄橙色ですが、乾くと赤色となり、昔は赤色の染料に使われたとのことです。和名は乾かした根の色からとのこと。

花序

茜さす空の色。

熟すと黒色となる果実

Data ●花：黄緑色／花冠は5裂／花柱は深く2裂　●葉：3角状卵形・卵形・狭卵形／鋭頭・鋭尖頭／葉柄や葉の裏面脈上に下向きのごく短い刺がある　●茎：よく分枝し長さ1-3m　撮影:2014年7月23日

黒紫色の複合果

ヤマグワ 〔クワ科〕別名シマグワ
落葉高木　雌雄異株まれに同株

Morus australis

瑪瑙山登山道　西登山道　**南登山道**　一の鳥居苑地　**大谷地湿原**　霊仙寺山登山道

★低山帯の山麓林内・林縁

```
    3   4   5   6   7   8   9   10  11  12月
├───┼───┼───┼───┼───┼───┼───┼───┼───┼───┤
```

円筒形で多数の雄花をつける雄花序、球形または楕円形で多数の雌花をつける雌花序があります。雌花の花柱の先は浅く2裂しますが、似ているマグワの花柱は基部近くまで裂けるそうです。果実は液質に肥大した花被に包まれ、多数が集まって複合果をつくります。複合果は緑色から赤色、熟して黒紫色となります。

左：雄花　右：雌花

> 果実は
> まるい毛虫？
> 花柱がツンツン
> 出ているよ！

Data ●花：雄花序は長さ約2㌢幅5㍉　雄花の花被片4個　おしべ4個／雌花の花被片4個　めしべ1個　花柱は長さ2-2.5㍉　●葉：卵状広楕円形でしばしば深く3－5裂／互生／先は短く尾状に尖る　撮影：2016年6月24日

2 深裂する花弁

ノミノフスマ 〔ナデシコ科〕
一年草または越年草

Stellaria uliginosa var. undulata

瑪瑙山登山道　西登山道　南登山道　一の鳥居苑地　**大谷地湿原**　霊仙寺山登山道
★山野・畑の縁など

　　　3　　4　　5　　6　　7　　8　　9　　10　　11　　12月

白色の花弁が10個あるように見えますが、本当は5個です。1個の花弁が深く切れ込んでいるため2個あるように見えるのです。蒴果は楕円形で、宿存する萼よりふつうはわずかに長いです。熟すと6裂して、種子を出します。種子は腎円形、鈍い三角錐状の突起があります。和名は"蚤の衾"。小形の葉をノミの寝具にたとえたものだそうです。

午後5時半過ぎの葉と花

夕方、葉も花も閉じ始めたよ！

Data ●花：白色／集散花序／花弁はふつう萼片より長い／萼片は披針形　5個　縁は膜質／おしべ5-7個／花柱は3個　●葉：狭楕円形-狭倒卵形・狭卵形／対生／柄はない／鋭頭／淡緑色／波状縁　●茎：5-30㌢　撮影:2015年5月16日

251

栄養葉と胞子葉

ナツノハナワラビ

〔ハナヤスリ科〕
シダ植物　夏緑性
多年生草本

Botrychium virginianum

瑪瑙山登山道　西登山道　南登山道　一の鳥居苑地　**大谷地湿原**　霊仙寺山登山道
★低山帯の樹林下

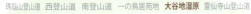

栄養葉と胞子葉があります。栄養葉の下には長い共通柄があり、胞子葉の柄は栄養葉の基部から分かれ出ます。栄養葉は3－4回羽状となり、広5角形状。長い柄をもつ胞子葉は、穂が3－4回羽状に分枝し、卵状3角形。胞子嚢は熟すと先の方から2裂して胞子を出します。和名は"夏の花蕨"の意味。夏（5－6月）に胞子穂を出すからとのことです。

胞子葉　（上○写真は栄養葉）

> ツンと立つ
> 胞子葉！

Data ●栄養葉：羽片は広卵形　柄は短い／小羽片は長卵形　先は尖り羽状に深裂
裂片は線形または楕円形で鋭頭　●茎：20-40㎝　撮影：2015年6月21日

252

散房花序につく白い小さな花

ミズキ 〔ミズキ科〕
落葉高木

Cornus controversa var. controversa

瑪瑙山登山道　西登山道　**南登山道**　一の鳥居苑地　大谷地湿原　霊仙寺山登山道
★低山帯の沢筋

| 3 | 4 | 5 | 6 | 7 | 8 | 9 | 10 | 11 | 12月 |

直立する幹に枝が横水平に広がり、枝が階段状を呈する特異な樹形です。枝端に散房花序をつけ、白い小さな花が多数、密につきます。花序は枝一面につき、遠くから眺めると白色の段々となって見えます。核果は球形で径6－7㍉、黒紫色に熟します。和名は"水木"の意で、樹液が多く、特に早春に枝を切ると水が滴り出るため名づけられたとのこと。

紅色を帯びた初冬の枝

小正月に"まゆ玉"を紅枝に飾ったよ。

果実

Data ●花：白色／花弁4個／萼裂片は細く小さい／おしべ4個　●葉：広卵形ー楕円形／互生／全縁／葉脈は5－9対　撮影:2014年6月8日

253

鮮やかな黄色い花

ホソバノキリンソウ

〔ベンケイソウ科〕
別名ヤマキリンソウ
多年草

Phedimus aizoon var.aizoon

瑪瑙山登山道　西登山道　南登山道　一の鳥居苑地　**大谷地湿原**　霊仙寺山登山道

★山地草原

3　4　5　6　7　8　9　10　11　12月

肉質な葉。キリンソウは葉の縁の上半分に鈍鋸歯がありますが、ホソバノキリンソウは下半分にも鋸歯があります。茎の先端に集散状の花序を出し、緑色の葉の上に黄色い鮮やかな花をたくさん咲かせます。黄色い花弁の間々に、線形で緑色の萼裂片がのぞいています。花序には葉状の苞葉がついています。果実は袋果。広く開出し、上から見ると星状を呈します。

下半分にも鋸歯がある葉

花は星のように輝いているよ！

Data ●花：黄色／花弁5個　披針形で先端は鋭く尖る／萼裂片は5個／おしべ10個　●葉：菱状楕円形－楕円形／互生／基部を除きそろった鋸歯がある　●花茎：10-50㌢／株ごとに1（－2）個が直立する　撮影：2015年7月10日

奇数羽状複葉の葉

サンショウ〔ミカン科〕
落葉低木　雌雄異株

Zanthoxylum piperitum

瑪瑙山登山道　西登山道　南登山道　一の鳥居苑地　**大谷地湿原**　雲仙寺山登山道
★低山帯下部

| 3 | 4 | 5 | 6 | 7 | 8 | 9 | 10 | 11 | 12月 |

枝は、葉の基部近くに、ふつうは対生ときに単生する刺があります。葉は互生し、9－19枚の小葉からなる奇数羽状複葉。葉には一種独特の香りがあります。春、枝先に長さ1－3㌢の円錐花序を伸ばし、多くの小さな花をつけます。本種は雄株です。果実は1－3個の分果に分かれ、分果は楕円状球形、赤色でしわがあります。裂開すると黒色の種子を出します。

雄花序　（上〇写真は冬芽と葉痕）

手のひらで
パン！
いい香り。

対生する刺

Data ●花：緑黄色／花被片は7－8個　狭披針形で先が尖る／雄花は5－6個のおしべをもつ／雌花は2－3個の離生心皮からなるめしべをもつ　●葉：小葉は卵形・卵状楕円形／互生／粗い鈍鋸歯　●茎：1.5-3㍍／樹皮表面はいぼ状のものが発達する　撮影:2017年5月21日

果実はキイチゴ状果

クサイチゴ〔バラ科〕
落葉小低木

Rubus hirsutus

瑪瑙山登山道　西登山道　南登山道　一の鳥居苑地　**大谷地湿原**　雲仙寺山登山道

★明るい草地・林縁

```
   3   4   5   6   7   8   9   10  11  12月
```

径3.5-4㌢、大きい5弁の白色の花。清楚な感じです。中央を見ると、突き出した花床にたくさんの心皮がぎっしりついています。心皮は花後、液質となって1個の核を含む核果（小核果）となります。心皮の回りを多数のおしべが囲みます。熟した果実は透き通った赤い粒々の集まり。小核果が花床上に集まって、集合果（キイチゴ状果）となっているのです。

突き出した花床

> 果実は
> なかなか
> 見つからない。

花弁が落ちたあと

集合果

●**Data** ●花：白色／花弁・萼片各5個／萼片は3角状披針形　尾状鋭尖頭　外側に腺毛と軟毛が生え　内側に短毛が生える／花柱は糸状／花糸は線形　●葉：羽状複葉／小葉は3-5枚で卵形／互生／2重鋸歯　●茎：30-50㌢　撮影：2015年5月16日

耳状に張り出す葉柄基部

ジャニンジン 〔アブラナ科〕
越年草まれに一年草

Cardamine impatiens var. impatiens

瑪瑙山登山道　西登山道　南登山道　一の鳥居苑地　**大谷地湿原**　霊仙寺山登山道
★木陰・水辺のやや湿った場所

3　4　5　6　7　8　9　10　11　12月

草むらに、スクッと立っていた植物。花序は総状で、茎の先端には白色の細かい花がたくさんついていました。上方の開花中の部分は、花序軸が短くて軸と軸の間が詰まり、下方の結実期の部分は、果実のついた花序軸は長くなり軸間も空いた感じです。葉柄の基部は耳状になって張り出し、茎を抱いていました。長角果は線形で、長さ15 − 25㍉です。

総状の花序

花弁はあるようなないような！

耳状に張り出し茎を抱く葉柄基部

Data ●花：白色／総状花序は果時に伸びる／花弁は長楕円状へら形　ときに退化する／萼片は広線形　●葉：根出葉はロゼット状　しばしば花時には枯れる／茎葉の小葉は4 − 10対　互生　●茎：12-80㌢／稜がある　撮影:2016年5月25日

257

鋭く尖る萼裂片の先

カキドオシ 〔シソ科〕 多年草

Glechoma hederacea subsp. grandis

瑪瑙山登山道　西登山道　南登山道　一の鳥居苑地　**大谷地湿原**　霊仙寺山登山道

★道ばたなどの草地

| 3 | 4 | 5 | 6 | 7 | 8 | 9 | 10 | 11 | 12月 |

唇形の花が葉腋に1－3個ずつつきます。上唇の先は浅く凹みます。下唇は3裂し、中央裂片は大きくて、凹みます。下唇には紅紫色の斑点があり、内側に毛があります。萼は筒状の鐘形で先は5裂、裂片の先は鋭く尖ります。15脈があります。茎や葉は独特の臭いがあります。分果。夏に茎は長くはい、垣根の向こうまで伸びていくので垣通しといわれています。

鋭く尖る萼裂片

> 葉っぱを
> ちぎると
> いい香り。

Data ●花：淡紅紫色／おしべ4個　●葉：円腎形／葉柄がある／対生／円頭で鈍鋸歯がある　●茎：基部ははう　上部は開花時にはほぼ直立し　高さ5-15㌢　花が終わるころから倒伏して　長くつる状になって伸びる／四角形　撮影：2016年5月3日

8

飯綱高原の植物

飯縄山の山麓、飯綱高原にはたくさんの植物が生育しています。この章では飯綱高原(主に南麓)などで、わたしたちが出会ったたくさんの植物の中から30種を掲載いたします。記載順はほぼ花期の順に載せました。飯縄山、瑪瑙山、霊仙寺山の各登山道や飯綱高原には、まだまだそれこそ多くの植物が生育しているのです。

長い花床筒

オクチョウジザクラ 〔バラ科〕
落葉小高木

Cerasus apetala var. pilosa

瑪瑙山登山道　西登山道　南登山道　一の鳥居苑地　大谷地湿原　霊仙寺山登山道
★本州（青森県から滋賀県にいたる日本海側）に分布

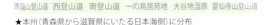

根元が少し曲った状態で幹は立ち上がっていました。冬の積雪の影響なのでしょう。雪国に適応したサクラと思われます。尾状に伸びた葉先が特徴的で、鋸歯があります。縁の回りにほんのり紅色がにじむ花は径2.3㌢ほどでした。花床筒（かしょうとう）（萼筒）は狭い筒形で、長さ約10㍉です。本種は、萼片の縁には鋸歯がなく全縁でした。果実の核果は黒熟します。

長い花床筒

葉はフカフカ。

葉

熟した果実

Data ●花：白色・淡紅色／花は径 1.8-2.4㌢（チョウジザクラは径 1.6-2㌢）／花柱はふつう無毛（チョウジザクラは萼片の縁に鋸歯があり　花柱の下半分に開出毛を密生する）
●葉：倒卵形／先端は尾状に伸びて鋸歯は 3－5 対／2 重鋸歯　撮影：2017年5月5日

唇形の花冠
オドリコソウ〔シソ科〕多年草

Lamium album var. barbatum

瑪瑙山登山道　西登山道　南登山道　一の鳥居苑地　大谷地湿原　霊仙寺山登山道
★山地の林縁など

3　4　5　6　7　8　9　10　11　12月

葉腋に白色の花が数個、輪生していました。花冠のかたちを見ると唇形です。上唇はやや平たいかぶと状で、縁に毛があります。下唇は3裂していて、側裂片はごく短くて先端は小さい突起状、大きな中央裂片は開出して2浅裂しています。基部に紫褐色の斑紋があります。萼は筒状で5歯があり、裂片の先は針状に尖ります。分果には3稜があります。

輪生する花冠

上唇は花粉を雨水から守る。下唇は虫の止まる足場。

つぼみ

ヒメオドリコソウ

Data ●花：白色－淡紅紫色／輪散花序／おしべ4個　●葉：卵状3角形－広卵形 上部のものは卵形／対生／裏面の脈上および表面にもまばらに毛／粗い不斉の鋸歯
●茎：30-50㌢／4稜がある／節に毛　撮影:2016年5月5日

261

2個ずつ並んで咲く花

ツルアリドオシ 〔アカネ科〕
常緑の多年草

Mitchella undulata

瑪瑙山登山道　西登山道　南登山道　一の鳥居苑地　大谷地湿原　霊仙寺山登山道
★山地のやや湿気のある林縁など

　3　4　5　6　7　8　9　10　11　12月

茎の先に花序柄を出し、2個の花をつけます。2個の花の萼筒は釣鐘形で、基部から1/2〜3/4が癒合しています。花冠は高杯状で白色。裂片4個。核果は2個の花の子房が合着したもので、熟すと赤くなります。核果の先端には、花後に残った萼裂片が2カ所に見えます。和名はアリドオシによく似た外観だが、つる性であることを示すという。

アリドオシは刺がある低木。ツルアリドオシは刺がないよ。

萼裂片が残る果実

若い果実

熟した果実

Data ●花：白色／雄しべ4個／花柱1個　先は4裂／短花柱花と長花柱花の2型花柱性が見られる ●葉：卵形／厚い／対生／全縁またはわずかに波状縁 ●茎：長さ10-100㌢／地上をはう　撮影：2015年7月29日

262

つるが巻いて伸長

フジ 〔マメ科〕別名ノダフジ
つる性の落葉木本

Wisteria floribunda

瑠璃山登山道　西登山道　南登山道　一の鳥居苑地　大谷地湿原　靈仙寺山登山道
★平地や低山地の林縁・崖・林中

　3　4　5　6　7　8　9　10　11　12月

つるは茎の基部から見て、絡まる先の木を左に巻いて伸長しています。総状の花序は下垂して長く伸び、花序の基部から先端へと順次開きます。旗弁、翼弁、竜骨弁からなる多数の花をつけます。豆果は長さ10－19ｾﾝ。狭倒卵形で扁平、果皮は厚く、熟して木質となります。冬季に乾燥すると2片に裂けながらねじれて種子を飛び散らします。種子は扁平で円形。

花

ヤマフジのつるは反対巻きだよ。

巻き上がるつる

Data ●花：藤色　紫色・淡紅色／旗弁の先端はわずかにへこむか突出する／竜骨弁と翼弁はほぼ同形同長／萼は椀形　●葉：奇数羽状複葉／小葉は11－19枚　狭卵形／互生／全縁　●幹：つるは丈夫　撮影:2017年5月28日

263

花が大きいスミレ
サクラスミレ〔スミレ科〕多年草

Viola hirtipes

瑪瑙山登山道　西登山道　南登山道　一の鳥居苑地　大谷地湿原　雪仙寺山登山道

★山地の草原

　3　4　5　6　7　8　9　10　11　12月

出会った時、大きい花だ、美しいスミレだと思いました。側弁から側弁まで3㌢ほどありました。花色は淡い紅紫で、上弁・側弁・唇弁に何本もの紫色の条が入っています。側弁基部には密に毛が生えています。おしべやめしべは見えませんでした。距は細く、7-8㍉と長めです。和名は花色が華美で、花弁の先がサクラのように切れ込んでいるからとのこと。

紅紫色の長い距

> 大型
> 華やか
> サクラ花！

Data ●花：淡紅紫色／径約 2.5㌢／花弁は凹頭・円頭／萼片は披針形　●葉：長卵形／先端は鋭頭／基部は心形／葉柄の上部に翼がある／葉柄と花柄に毛がある／鈍鋸歯　●茎：長さ 8-15㌢　撮影：2016年5月28日

縫合線のような条のある短い距
エゾノタチツボスミレ
〔スミレ科〕多年草　別名イヌスミレ

Viola acuminata

瑪瑙山登山道　西登山道　南登山道　一の鳥居苑地　大谷地湿原　霊仙寺山登山道
★山地　夏緑樹林の明るい林床や草地

茎は立ち上がり、高さ30.5㌢ほどの草丈でした。その割には白色花は小さめで、側弁から側弁までの長さは1.8㌢ほどでした。上弁は反り返り、側弁の基部に白い毛が生え、唇弁には紫色の条が入ります。ルーペで見ると、柱頭には微細な突起毛が見られます。距は白く短く、その背面に縫合線のような条が見られました。果実は蒴果です。

条のある短い距

萼片は細く長いよ。

果実

Data ●花：淡紫色－白色／萼片は狭披針形　先端は鋭尖頭　●葉：根出葉は卵形－心形／茎葉は腎円形－心形－狭心形　鋭頭－鋭尖頭　基部は心形－浅心形　波状の鋸歯／托葉は披針形－楕円形　羽状に浅裂　●茎：20-40㌢　撮影:2016年5月28日

可憐な高山の花
ツガザクラ 〔ツツジ科〕
常緑の小低木

Phyllodoce nipponica subsp. nipponica

瑪瑙山登山道　西登山道　南登山道　一の鳥居苑地　大谷地湿原　霊仙寺山登山道
★高山帯の岩場

　3　4　5　6　7　8　9　10　11　12月

コメツガに似た緑色で線形の葉。細長く伸びた花柄の先にうつむいて咲く、淡い紅色を帯びた白色、鐘形の花。外側に少し反り返る花冠の縁は、ほんのりさくら色です。先が尖る萼片は紅紫色で、花冠とのコントラストが鮮やかです。果実は扁球形の蒴果で、上向きにつきます。葉が針葉樹のツガに似ていて、さくら色の花をつけるためツガザクラというとのこと。

鐘形の花

蒴果は花柱がツンと立っているね。

上を向く蒴果

Data ●花：淡紅色／花冠の先は浅く5裂／萼片は卵形・広披針形／おしべ10個／花柄に微毛と腺毛　●葉：長さ4-7㍉幅約1.5㍉／多数の葉が密につく／縁にまばらな微鋸歯　●幹：10-20㌢　撮影：2016年6月5日

暗褐色と白色の花

エビネ〔ラン科〕多年草

Calanthe discolor

瑪瑙山登山道　西登山道　南登山道　一の鳥居苑地　大谷地湿原　霊仙寺山登山道
★低山帯の林内

3　4　5　6　7　8　9　10　11　12月

暗い林の中、輝くように咲いていました。花序は総状で、ややまばらに花をつけます。萼片と側花弁は暗褐色。萼片は狭卵形で鋭頭、側花弁は萼片よりやや狭く同長です。美しい唇弁は白色ときに紅色を帯びます。3深裂し、中裂片は2裂、うね状の条が3本あります。花色に種々の変異があります。和名"海老根"。球茎が連なる様子をエビの形に見立てたという。

花序

気品のある花。

先が下向きに曲がる距

Data ●花：8－15の花をつける／距は長さ5-10㍉／花柄の基部には苞がある　披針形　膜質　長さ5-10㍉　●葉：2－3枚つく／狭長楕円形　縦にひだをつける　花茎：20-40㌢／1－2個の鱗片葉がある　撮影:2015年5月29日

267

強く反曲する柱頭

ベニバナヤマシャクヤク 〔ボタン科〕多年草

Paeonia obovata

瑪瑙山登山道　西登山道　南登山道　一の鳥居苑地　大谷地湿原　雲仙寺山登山道

★夏緑広葉樹林の林床

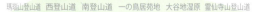

茎の先に1個、上を向く一重咲きの大きな花。花弁と花弁の間からにぎやかに黄色い葯と、濃い赤紫色の柱頭が見えていました。ときに白い花を咲かせ、ヤマシャクヤクと紛らわしいですが、ベニバナヤマシャクヤクは、めしべがふつう4－5個で、柱頭は強く反曲しています。果実は袋果で楕円状倒卵形。種子は球形、黒色です。

花弁の間に見える葯と柱頭

花は貴婦人！

赤紫色の柱頭

種子

Data ●花：淡紅紫色－濃紅紫色ときに白色／おしべ多数　めしべ（3－）4－5個（ヤマシャクヤクのめしべ2－3個）／花弁（4－）5（－7）個／萼片は3（－5）個　●葉：中部の茎葉は2－3枚　2回3出複葉／頂小葉は倒卵形－広倒卵形／上部の茎葉は3全裂－単葉　●茎：30-60㌢　撮影：2013年6月13日

花柄の中ほどに小苞

ハンショウヅル 〔キンポウゲ科〕
木本性のつる植物

Clematis japonica

瑪瑙山登山道　西登山道　南登山道　一の鳥居苑地　大谷地湿原　雲仙寺山登山道

★山地林中・林縁

| 3 | 4 | 5 | 6 | 7 | 8 | 9 | 10 | 11 | 12月 |

葉の間から長い柄を出し、先端に花を1個つけます。花柄の中部付近に披針形で小型の小苞1対があります。鐘形の花は下向きに咲き、赤紫褐色の花弁のように見えるのは4個の萼片。花弁はありません。痩果は狭卵形で頭部に残存した花柱が1個つきます。残存花柱は長さ3－4㌢、羽毛状になります。和名"半鐘蔓"は、花がつり下がる半鐘に似るからとのこと。

訪花した昆虫

痩果はたくさんつくよ！

残存花柱がつく若い痩果

Data ●花：紫褐色・赤紫色／鐘形　径2-3㌢／萼片は楕円形　先端は鋭形で反曲する　縁に伏毛がある　やや革質／おしべ・めしべ　多数／花柄は長さ6-12㌢　●葉：1回3出複葉／小葉は卵形－倒卵形／対生／粗い鋸歯　撮影:2016年6月10日

腺毛と短毛が生える萼片
エビガライチゴ
別名ウラジロイチゴ
〔バラ科〕つる状小低木

Rubus phoenicolasius

瑪瑙山登山道　西登山道　南登山道　一の鳥居苑地　大谷地湿原　霊仙寺山登山道
★低山帯上部の日当たりのよい草地・岩地・林縁

3　4　5　6　7　8　9　10　11　12月

茎や葉裏の脈上、葉柄に鋭い刺があり、茎には剛毛と長い腺毛が密生しています。つぼみは、かたく閉じた披針形で漸尖尾状鋭尖頭。外側に長い腺毛と短毛が生える萼片にがっちり守られているように見えます。萼片は花時に開出または反り返り、花後には閉じてしまい、果実が熟すと再び開きます。淡紅色の花弁は直立し平開しません。果実は球状、赤熟します。

蜜を吸うマルハナバチ

紅褐色の粗毛を
エビの殻に
なぞらえたの？

萼が開き熟した集合果

葉裏

Data ●花：白色・わずかに帯淡紅色／花序は総状で頂生または上部の葉の腋につき　頂生するものは円錐花序になる／おしべ・心皮多数　●葉：花枝では3出複葉　今年枝では3出複葉または5枚の小葉をもつ羽状複葉／裏面は白毛が密生／2重欠刻状鋸歯　●茎：はじめは直立するが後につる状となる　撮影：2016年6月22日

猿の梨

サルナシ

〔マタタビ科〕別名シラクチヅル　コクワ
落葉のつる性木本　雌雄異株または雌雄雑居性

Actinidia arguta var. arguta

瑪瑙山登山道　西登山道　南登山道　一の鳥居苑地　大谷地湿原　霊仙寺山登山道
★低山帯

　　3　4　5　6　7　8　9　10　11　12月

観察した雄株は、他の木に絡みついて高くのぼり、樹冠を覆い尽くさんばかりでした。花序は若枝の上方の葉腋から出ます。花は径1－1.5㌢。集散花序に集まって、雄花序には3－7個の花がつきます。雌花と両性花は1－3個の花がつきます。多数ある花柱は離生し、線形で放射状に開出して花後も宿存します。液果は緑黄色に熟します。和名は"猿梨"。

花柱が宿存する果実

果実に丸いものと細長いものがあるよ！

Data ●花：白色／花弁5個／萼片5個／おしべ多数　●葉：楕円形－広楕円形・広卵形／互生／葉柄はしばしば淡紅色／細鋸歯　●幹：樹木や岩などに絡みつく／蔓はじょうぶ　撮影:2016年6月17日

271

大きな白花

バライチゴ 〔バラ科〕多年草

Rubus illecebrosus

瑪瑙山登山道　西登山道　南登山道　一の鳥居苑地　大谷地湿原　霊仙寺山登山道
★低山帯・落葉樹林林縁など

```
   3  4  5  6  7  8  9  10  11  12月
```

雪解けの早春、前年の株はすっかり枯れていました。5月初旬、前年の株の根元から新芽が芽生えていました。葉に特徴があります。3－7小葉よりなる奇数羽状複葉で、小葉には、平行するように並ぶ側脈が多くあります。葉柄や葉軸には細いかぎ状の刺があります。花は大きく、白い5弁花です。果実は、半球形または広楕円形。赤く熟します。

熟した集合果

萼片の先は長ーく、曲がりながら伸びているよ。

新芽

つぼみと萼片

Data ●花：白色　径約2.5-4㌢／萼片は披針状長楕円形－卵形　尾状鋭尖頭　おしべ・心皮多数　●葉：小葉は披針形－広披針形で鋭尖頭／互生／鋭い2重鋸歯　●茎：10-60㌢／長く横にはう地下茎をもつ／直立／鈍い稜がある／刺がある　撮影：2016年7月5日

Column Vol.27 コラム〈飯縄山登山道の鳥たち〉

合着する花糸の基部
クサレダマ 〔サクラソウ科〕
別名イオウソウ　多年草

Lysimachia vulgaris subsp. davurica

瑪瑙山登山道　西登山道　南登山道　一の鳥居苑地　大谷地湿原　霊仙寺山登山道
★山中の湿地

| 3 | 4 | 5 | 6 | 7 | 8 | 9 | 10 | 11 | 12月 |

黄色の花が一面に咲き、夏の湿地を鮮やかに彩ります。花冠は深く5裂しています。花冠内面と花糸には淡黄色の突起状の毛が生えています。花糸は基部が広がり、互いに合着して短い筒をつくっています。萼片は3角状卵形、縁には黒色の腺条があります。蒴果は球形。和名は黄色の花が目立つ様子が、マメ科のレダマを思わせるので"草レダマ"というといわれます。

鋭く尖る萼片の先

萼片の縁に赤褐色の縁取りが。

Data ●花：黄色／茎の上部に円錐花序をつけ多数の花を開く／萼片の先は鋭く尖る
●葉：披針形・狭長楕円形／2−4枚が対生または輪生／柄はない／先は鋭く尖る／裏面の葉肉内に黒色の腺点がある　●茎：40-100cm　撮影：2016年7月20日

274

仏炎苞に包まれる肉穂花序

ヒメザゼンソウ 〔サトイモ科〕 多年草

Symplocarpus nipponicus

瑪瑙山登山道　西登山道　南登山道　一の鳥居苑地　大谷地湿原　霊仙寺山登山道
★低山帯の湿地

```
  3   4   5   6   7   8   9   10  11  12月
──┼───┼───┼───┼───┼───┼───┼───┼───┼───┼──
```

8月初旬に花と出会えました。暗紫褐色を帯びる仏炎苞（ぶつえんほう）は広楕円形のボート状。厚みがあり先端は尖っていました。仏炎苞の中には楕円体で長さ2㌢ほどの肉穂花序（にくすいかじょ）が包まれるように入っています。花後、仏炎苞は崩れてしまいますが、肉穂花序は横たわるように残り、翌年の開花後に成熟するとのことです。葉は花序より早く出て、花期ごろまでに枯れるようです。

仏炎苞を伴った花序（左）

果実はツキノワグマの好物なんだって！

9月上旬の花序

Data ●花：肉穂花序／花被片4個／おしべ4個　めしべ1個／仏炎苞は長さ4-7㌢
●葉：長卵状心形・卵状長楕円形／長さ10-20㌢　幅7-12㌢／長柄がある（※上写真の花は下写真の株から生まれたものではありません）　撮影:2017年4月27日

275

淡紅色の花

ミズオトギリ〔オトギリソウ科〕多年草

Triadenum japonicum

瑪瑙山登山道　西登山道　南登山道　一の鳥居苑地　大谷地湿原　霊仙寺山登山道
★山地の湿地

| 3 | 4 | 5 | 6 | 7 | 8 | 9 | 10 | 11 | 12月 |

淡紅色の花を咲かせます。花は頂生または腋生で、短い花序に1-5個つきます。花は午後に開く一日花とのことです。ちなみに、本種の撮影時間は午後4時28分です。おしべは9個。花糸は3個ずつ半ばまで合着し、3束に分かれています。合着したおしべ間の根元には、紅色のにじむ仮おしべ（腺体）が見られました。花柱は3個。果実は蒴果です。

3束に分かれるおしべ　3個離生する花柱

オトギリソウ科の花では唯一、紅色だよ。

果実

Data ●花：淡紅色／集散状／花弁5個／萼片5個　卵状楕円形　赤褐色を帯びる／仮おしべ（腺体）は3個　橙黄色　●葉：楕円状披針形－卵状楕円形／対生／内側に大小の明点が多く縁にも明点がある／無柄／全縁　●茎：15-100㌢　撮影：2016年8月6日

楕円形の小穂

チゴザサ 〔イネ科〕多年草

Isachne globosa var. globosa

瑪瑙山登山道 西登山道 南登山道 一の鳥居苑地 大谷地湿原 霊仙寺山登山道
★丘陵帯〜低山帯の水湿地　人里

| 3 | 4 | 5 | 6 | 7 | 8 | 9 | 10 | 11 | 12月 |

葉身はややかたく、葉舌は列毛となります。茎の先に出す円錐花序は、やや細い枝がまばらに開出し、枝の上半部にまばらに小穂をつけます。小穂は楕円形で、淡緑色から紫褐色。花時には、小穂の先から紅紫色で羽毛状の柱頭が出ています。その様子は美しいです。和名は"稚児笹"で、その葉形を小型の笹葉に見立てたものだそうです。

小穂から出る柱頭

小さいササだよ。

Data ●花：小穂は2小花からなる　円頭／小穂の柄には淡黄色の腺がある　●葉：狭披針形／長さ4-7㌢　幅3-7㍉／互生／先はしだいに尖る　●稈：20-50㌢／直立／匍枝が出る※葉舌：イネ科やカヤツリグサ科に見られる、葉の葉鞘と葉身の境目に生じる舌状の突起　撮影:2016年8月6日

277

赤褐色の斑点

ヤマユリ 〔ユリ科〕多年草

Lilium auratum var. auratum

瑪瑙山登山道　西登山道　南登山道　一の鳥居苑地　大谷地湿原　霊仙寺山登山道

★低山帯の林縁

3　4　5　6　7　8　9　10　11　12月

大柄で美しい花です。強い香りを放っています。大きな花は茎の先に数個が横向きに開きます。花被片を観察すると、白色で赤褐色の斑点があり、中脈に沿って黄線があります。花被片は6個あります。外片3個、内片3個です。内片の方が外片より幅広く、先は反り返っていて基部の内面には突起があります。果実は蒴果で、長楕円形です。

おしべとめしべ

> 外花被片の先はカール。おしゃれな花！

Data ●花：白色／花被片は長さ10-18㌢　外片は狭長楕円形　内片は長楕円形／おしべ6個　●葉：披針形／短い柄がある／5脈が明らか／先端は鋭尖形　●茎：1-1.5㍍　撮影：2015年8月8日

雄性期と雌性期のある花
サワギキョウ〔キキョウ科〕多年草

Lobelia sessilifolia

瑪瑙山登山道　西登山道　南登山道　一の鳥居苑地　大谷地湿原　霊仙寺山登山道
★低山帯〜亜高山帯下部の湿地

3　4　5　6　7　8　9　10　11　12月

5個のおしべは花糸の途中から葯までが合生して筒となり、めしべがその中にあります。葯筒の先に下向きの毛の束が見られ、昆虫がこれを押すと小さなすき間ができ、中からめしべの柱頭によって花粉が押し出される仕組みになっているのだそうです。おしべの花粉がなくなったころ、花柱と柱頭が葯筒の先から顔を出し、雌性期に移るのです。蒴果は球形。

雌性期のめしべ

青い鳥！
とぶ。

雄性期のおしべ

Data ●花：紫色・青紫色　花冠の長さ2.5-3㌢　2唇形　上唇は2深裂　裂片は細い　下唇は3浅裂　裂片は広い／萼は鐘形　裂片は線状披針形／総状花序　●葉：披針形／互生／低鋸歯がある　●茎：50-100㌢　撮影:2016年8月6日

藍青色の果実

クサギ 〔シソ科〕
落葉低木〜小高木

Clerodendrum trichotomum var. trichotomum

瑪瑙山登山道　西登山道　南登山道　一の鳥居苑地　大谷地湿原　霊仙寺山登山道
★山地の林縁

3　4　5　6　7　8　9　10　11　12月

多数の花が咲き乱れ、その周囲には強い臭気が漂います。ミヤマカラスアゲハなどの蝶がさかんに花を訪れていました。5深裂する萼は赤紫色を帯び、卵形の裂片は先端が尖ります。萼は果時に全体が濃い紅紫色となり、星状に平開します。秋に熟す核果は鮮やかな藍青色。萼と核果の色彩のコントラストが見事です。和名は"臭木"。葉に臭気があるためとのこと。

秋の萼と果実

> おしべと
> めしべは
> 踊っている
> ようだ！

Data ●花：花冠は白色　5裂して平開する／花筒は帯紅紫色　筒部の長さ2-2.5㌢／集散花序／おしべ4個・めしべ1個　花冠の外に長くとび出す　●葉：3角状心形－広卵形／対生／低い不明の鋸歯があるかほとんど全縁　撮影：2015年8月11日

280

コラム 〈クサギのおしべとめしべ〉

　開花したクサギの花。4個のおしべと1個のめしべが花の外に長く突き出ています。おしべはピーンと上に向かって伸びているものや下に垂れ下がっているもの、中には丸まっているものもあります。めしべも垂れ下がっているもの、ピーンと上に向かって伸びているものがあります。
　不思議です。
　よく観察してみると、おしべとめしべの位置関係に、次の3パターンが見られました。

①めしべが下向き・おしべが上向き
②めしべが上向き・おしべが下向き
③めしべが上向き・おしべが下向きで丸まる

　そして、なんと、右上の写真を見てください。おしべが垂れ下がり丸まっている状態のものは、上に向かって伸びているめしべの柱頭の先端が開いているではありませんか。柱頭の先端が開いているということ、これはこの柱頭に他花の花粉を受け入れる準備ができたということです。いくつかの写真でも確認したのですが、おしべが上向きに伸びていた時は、垂れ下がっていためしべの柱頭の先端は開いていません。柱頭の先端はかたく閉じていたのです。
　おしべとめしべの位置関係。これは自家受粉を避けるためのクサギの戦略のように思われます。クサギは雄性先熟と思われます。雄性期にはめしべが、雌性期にはおしべがそれぞれ下に垂れているのです。
　クサギは虫媒花。花は甘い香りを漂わせ、受粉のために昆虫を誘います。花の周りにはミヤマカラスアゲハと見られるチョウの仲間が、何匹も元気に飛びまわっていました。

全体に柿の実色の花

カキラン 〔ラン科〕 多年草

Epipactis thunbergii

瑪瑙山登山道　西登山道　南登山道　一の鳥居苑地　大谷地湿原　霊仙寺山登山道
★低山帯の日当たりのよい湿地

| 3　4　5　6　7　8　9　10　11　12月 |

花は茎の上部に10個ほど。萼片は狭長卵形で緑がかった橙褐色を帯び、側花弁は卵形で橙黄色です。唇弁は内面に紅紫色の斑紋があり、関節により上下2唇に分かれます。上唇は広卵形で基部に3本の隆起線があり、下唇は倒心形で内面は凹入します。観察したものの唇弁下唇には奥から紅紫色、橙黄色の斑紋がありました。和名"柿欄"は花色からとのこと。

蕊柱も見える花

> とにかく多様な色彩がにじむ花！

Data ●花：黄褐色／総状花序　●葉：狭卵形／5－10枚つく／いちじるしい縦脈がある／基部は短い鞘となり茎を抱く／互生　●茎：30-70㌢／基部は紫色を帯び、少数の鞘状葉に包まれる　撮影：2014年8月2日

上唇2裂 下唇3裂の花冠

ニガクサ 〔シソ科〕 多年草

Teucrium japonicum

瑠璃山登山道　西登山道　南登山道　一の鳥居苑地　大谷地湿原　霊仙寺山登山道
★山野のやや湿った草地・林縁

　　3　4　5　6　7　8　9　10　11　12月

茎の先端や上部の葉腋に細長い長さ3－10㌢の花穂をつけます。花冠は唇形で淡虹色。下唇は大きくて3裂します。大きな中裂片は垂れ下がり、ときに反り返ります。上唇は小さく、2深裂して下唇の側片についた小突起状となるので、花冠全体としては1唇形のように見えます。萼は5裂し短毛があります。萼の口部は花後にもすぼみません。果実は分果です。

花序

よく見ると花の形がおもしろいよ！

Data ●花：淡紅色／萼は腺毛がない　上歯は先が尖る／おしべ4個　上唇の裂け目から外に突き出る　●葉：卵状長楕円形－広披針形／対生／先は尖る／不ぞろいな鋸歯　●茎：30-70㌢／4角形　撮影：2016年8月17日

283

紅紫色の花穂

カワミドリ 〔シソ科〕多年草

Agastache rugosa

瑪瑙山登山道　西登山道　南登山道　一の鳥居苑地　大谷地湿原　雲仙寺山登山道

★山の草地・林縁

3　4　5　6　7　8　9　10　11　12月

茎の頂や枝先に長さ5－15㌢の花穂を出し、青から紅紫色の唇形花を多数つけます。花冠は長さ8－10㍉。上唇はやや直立して先が浅く凹み、下唇は3裂し中央裂片は幅広いです。萼は筒状で5裂片は長く尖り、花冠と似たような色を帯びています。おしべ4個のうち2個は長くなっています。4個のおしべは花柱とともに花冠から突き出ています。果実は分果

花序

特有の香りがありますよ。

Data ●花：青色－紅紫色／苞は小さい　●葉：広卵形－卵心形／対生／先は鋭く尖る／基部は心形・上部のものでは円形／葉柄がある／鋸歯がある　●茎：40-100㌢／4角／上部は枝分かれする　撮影:2016年8月17日

284

つる性の茎

シロウマレイジンソウ 〔キンポウゲ科〕多年草

Aconitum pterocaule var. siroumense

瑪瑙山登山道　西登山道　南登山道　一の鳥居苑地　大谷地湿原　霊仙寺山登山道
★東北地方から中部地方にかけての日本海側多雪地に分布

『改訂新版　日本の野生植物』に、「茎が大型になって、長さ３㍍にもなり、地面をはったり、上部がつる性になって他の植物などにからまったりして伸びるものをシロウマレイジンソウという」とあります。観察した本種は２㍍以上、ヌスビトハギなどの間から伸び、ヤブマメなどと絡み合い、上部がつる性になっていました。上萼片と花柄に屈毛がありました。

距から蜜を吸うマルハナバチ

伸びるよ。
つる性の茎！

Data ●花：淡紅紫色－淡青紫色／総状花序／上萼片は上部で細くなる／おしべ多数
●葉：３浅裂～中裂　裂片には卵形で微凸端となる鋸歯がある／葉柄がある／互生
撮影:2017年9月8日

285

萼上唇裂片の先は鋭く尖る
イヌコウジュ 〔シソ科〕一年草

Mosla scabra

瑪瑙山登山道　西登山道　南登山道　一の鳥居苑地　大谷地湿原　雲仙寺山登山道
★山野の道ばた・やや湿った草地

　3　4　5　6　7　8　9　10　11　12月

茎頂や上部の葉腋から花穂を出します。淡紅紫色の花冠は長さ3－4㍉。上唇の先は浅くへこみ、下唇は3裂し中央裂片は長く前方へ突き出します。花筒内部に紅紫色の斑点があります。線状披針形の小さな苞があります。萼は果時に大きくなって2唇形となり、3個の上萼裂片の先は鋭く尖ります。分果4個は倒卵形で網目模様があり宿存性の萼に包まれています。

鋭く尖る萼裂片

ヒメジソと比べてごらん！

葉

Data ●花：淡紅紫色　萼は花時長さ2-3㍉　果時約4㍉となる　●葉：狭卵形ー卵形／対生／柄がある／縁に6－13対の低い鋸歯がある　●茎：20-70㌢／4角／紅紫色を帯びることが多い／細毛がある　撮影：2015年9月5日

雌花序は上　雄花序は下

アカソ 〔イラクサ科〕
多年草

Boehmeria silvestrii

瑪瑙山登山道　西登山道　南登山道　一の鳥居苑地　大谷地湿原　雲仙寺山登山道
★山野のやや湿った所　草地や路傍

3　4　5　6　7　8　9　10　11　12月

茎と葉柄が赤褐色を帯びます。葉は卵円形で、3主脈があり先は大きく3裂し、中央の裂片が尾状に伸びています。雌花序は上方の葉腋につきます。球状になった雌花の花序は互いにやや接し、花序軸上に並びます。雄花序は下方の葉腋につきます。果実の痩果は宿存花被に包まれます。和名は茎や葉柄が赤みを帯びるからとのこと。

雌花序　（上○写真は雄花序）

花穂は虫の触角のよう。

果実期／果実

●Data ●花：雄花は花被片4個　おしべ4個／雌花の花被片は合着して子房を包みこみ宿存性　●葉：卵円形／対生／基部は切形または広いくさび形／粗い鋸歯がある
●茎：50-80㌢／赤褐色を帯びる　撮影：2014年9月10日

287

大きな黄色い頭花
オオニガナ〔キク科〕多年草

Nabalus tanakae

瑪瑙山登山道　西登山道　南登山道　一の鳥居苑地　大谷地湿原　霊仙寺山登山道
★湿地・湿生林内

3　4　5　6　7　8　9　10　11　12月

8月中旬、フクオウソウに似た葉をつけた1㍍ほどの茎を見つけました。中部の葉は様々な形に切れ込み、裂片は尖っています。上部に向かうにつれ葉は小形になり、茎上部や上部の葉腋に丸っこいつぼみがいくつもついています。9月上旬、花が咲いていました。オオニガナです。大形の頭花に鮮やかな黄色。小花は多数。舌状花で先に5歯があります。果実は痩果。

つぼみ

秋の湿地にひときわ輝く花。

羽裂する葉

Data ●花：淡黄色／頭花は径 3.5-4㌢　●葉：根出葉は花時に枯れる／茎葉には狭い翼のある長柄がある／しばしば頭大羽状中深裂／上部の葉は小形になる／互生
茎：80-150㌢／直立／多少稜がある　撮影：2016年9月9日

288

頭花の基部には苞葉

サワアザミ 〔キク科〕 多年草

Cirsium yezoense

瑪瑙山登山道　西登山道　南登山道　一の鳥居苑地　大谷地湿原　霊仙寺山登山道
★低山帯の林縁など水湿の地

　　3　4　5　6　7　8　9　10　11　12月

茎の高さ約1㍍70㌢、茎の径は約3㌢でした。茎葉も、大きい葉は長さ54㌢幅38㌢ほど。頭花も大型で径約2㌢でした。頭花は数個が総状にまばらにつくか塊状につき、点頭あるいは斜め下向きに咲いています。総苞は椀形。総苞片は斜上し、総苞外片は狭卵形で先端は尾状に長く伸びます。総苞は粘りません。頭花の基部には、数枚の苞葉が立ち上がっていました。

訪花する昆虫たち

総苞に、くも毛があるよ。

Data ●花：紅紫色／頭花は筒状花／総苞片は8－9列　●葉：下部の茎葉は長さ30-65㌢　幅30㌢に達する　卵形－楕円形　羽状に浅裂－中裂　裂片は4－6対／互生　茎：1-3㍍／上部で分枝する　撮影:2016年10月1日

289

鮮黄色の花
ナガミノツルケマン〔ケシ科〕二年草

Corydalis raddeana

瑪瑙山登山道　西登山道　南登山道　一の鳥居苑地　大谷地湿原　霊仙寺山登山道

★林縁や草地

| 3 | 4 | 5 | 6 | 7 | 8 | 9 | 10 | 11 | 12月 |

茎は直立せず、他の草に寄りかかるようにして広がり生育していました。黄色の花が数個つきます。花は4個の花弁からなります。距の先端はやや下方へ彎曲(わんきょく)します。果実は蒴果。線状倒披針形で種子はほぼ1列に並びます。似た種のツルケマンの果実は長倒卵形で種子はほぼ2列に並びます。熟すと果皮(かひ)が巻き上がり、種子を飛ばします。種子には白い種枕(しゅちん)がついています。

1列に並ぶ種子

果皮はくるくる丸まるよ！

萼と苞

種子

Data ●花：鮮黄色・黄色／総状花序／花柄上部に小型の萼がある　萼片は2個／花柄の基部に狭卵形の苞がつく　●葉：2－3回3出複葉　●茎：直立せず伸び分枝して長さ1㍍前後になる／稜がある　撮影：2016年9月14日

290

葉に2形

シシガシラ 〔シシガシラ科〕シダ植物
常緑性　多年生草本

Blechnum niponicum

瑪瑙山登山道　西登山道　南登山道　一の鳥居苑地　大谷地湿原　霊仙寺山登山道
★低山・山野

　　　3　4　5　6　7　8　9　10　11　12月

葉は栄養葉と胞子葉の2形。放射状に開出しているのが栄養葉、株の中心から立つ細長い葉が胞子葉です。栄養葉は多数の羽片が相接していて、羽片の中脈は表面に浅い溝があります。胞子葉は栄養葉より高く立ち、羽片はずっと狭くまばらにつきます。胞子嚢群をつけます。出はじめの葉は赤く色づき美しいです。和名は葉を獅子のたてがみにたとえたという。

胞子葉

山道の斜面に多いよ！

胞子嚢群

Data ●胞子嚢群は胞子葉羽片の裏面につき　羽片の両縁が巻き込んでそれを包む
●栄養葉は長さ20-40㌢／1回羽状複葉　羽片は線形　全縁　鋭頭／葉柄基部には褐色線形で先が細く尖った鱗片を密生　撮影:2017年10月6日

291

コラム〈飯縄山の花〉

前著『飯縄山登山道 植物ふしぎウオッチング』掲載の植物から……

コケモモ
花・果実

ゴゼンタチバナ
花・果実

イワカガミ

ウメバチソウ

ハクサンチドリ

テガタチドリ

イワナシ

オオカメノキ

飯縄山登山道　植物ふしぎウオッチング II

索引

INDEX

ア
アオスズラン……………… 38
アカイタヤ………………178
アカソ……………………287
アカネ……………………249
アカバナ…………………196
アカミノイヌツゲ………144
アカモノ…………………152
アケボノシュスラン……208
アサノハカエデ…………179
アスヒカズラ……………166
アズマイチゲ……………228
アズマギク………………107
アリノトウグサ………… 55

イ
イケマ…………………… 53
イヌコウジュ……………286
イヌゴマ…………………191
イヌトウバナ…………… 50
イノコヅチ………………240
イワガラミ……………… 47
イワキンバイ……………155

ウ
ウシタキソウ…………… 64
ウツギ……………………244
ウド………………………122
ウナギツカミ……………197
ウバユリ…………………232
ウマノミツバ……………159
ウラゲエンコウカエデ…176
ウラジロヨウラク………102
ウリハダカエデ…………175
ウワバミソウ……………160
ウワミズザクラ…………113

エ
エゾアジサイ……………121

エゾシロネ………………146
エゾノタチツボスミレ…265
エゾノヨツバムグラ……134
エゾヒカゲノカズラ……150
エゾミソハギ……………194
エゾユズリハ…………… 96
エビガライチゴ…………270
エビネ……………………267

オ
オオチドメ……………… 40
オオニガナ………………288
オオニワトコ…………… 68
オオバタネツケバナ……223
オオバツツジ……………167
オオバボダイジュ……… 52
オオヤマフスマ………… 35
オガラバナ………………180
オククルマムグラ………143
オクチョウジザクラ……260
オケラ…………………… 27
オシダ……………………210
オタカラコウ……………138
オドリコソウ……………261
オニグルミ……………… 70
オニノヤガラ…………… 60
オミナエシ……………… 22

カ
カキドオシ………………258
カキラン…………………282
ガマ………………………195
カラコギカエデ…………172
カラハナソウ…………… 65
カリガネソウ……………118
カワミドリ………………284
カンボク…………………242

293

キ	キキョウ	28 ●
	キクザキイチゲ	127 ●
	キハダ	110 ●
	キブシ	90 ●
	ギョウジャニンニク	137 ●
	キンバイソウ	140 ●
ク	クサイチゴ	256 ●
	クサギ	280 ●
	クサソテツ	239 ●
	クサフジ	203 ●
	クサレダマ	274 ●
	クマイチゴ	79 ●
	クマヤナギ	33 ●
	クモキリソウ	30 ●
	クララ	39 ●
	クルマバソウ	214 ●
	クルマバックバネソウ	220 ●
	クロイチゴ	81 ●
	クロヅル	86 ●
ケ	ケナシヤブデマリ	216 ●
	ゲンノショウコ	48 ●
コ	コケイラン	80 ●
	コシアブラ	115 ●
	コハウチワカエデ	181 ●
	コミネカエデ	186 ●
	コメガヤ	84 ●
	コメツガ	169 ●
サ	サイハイラン	227 ●
	サクラスミレ	264 ●
	サルナシ	271 ●
	サワアザミ	289 ●

	サワオトギリ	29 ●
	サワギキョウ	279 ●
	サワギク	74 ●
	サワハコベ	129 ●
	サワヒヨドリ	202 ●
	サワフタギ	57 ●
	サンカヨウ	132 ●
	サンショウ	255 ●
シ	シシガシラ	291 ●
	シナノキ	114 ●
	シモツケ	124 ●
	ジャニンジン	257 ●
	シュンラン	16 ●
	シラタマノキ	151 ●
	シラヤマギク	21 ●
	シロウマレイジンソウ	285 ●
	シロバナニガナ	100 ●
	シロヨメナ	72 ●
ス	スイカズラ	24 ●
	ズダヤクシュ	142 ●
	スミレ	42 ●
	スミレサイシン	130 ●
セ	セリ	193 ●
タ	タケニグサ	204 ●
	タチアザミ	201 ●
	タチコゴメグサ	108 ●
	タニギキョウ	211 ●
	タニタデ	78 ●
	タムシバ	164 ●
	タンナサワフタギ	56 ●

チ	チゴササ……………………277 ●	ネ	ネコノメソウ……………207 ●
	チシマザサ…………………92 ●	ノ	ノアザミ……………………106 ●
	チダケサシ…………………136 ●		ノイバラ……………………67 ●
	チヂミザサ…………………215 ●		ノササゲ……………………212 ●
	チョウセンカワラマツバ…103 ●		ノダケ………………………135 ●
			ノミノフスマ………………251 ●
ツ	ツガザクラ…………………266 ●		
	ツクバネウツギ……………73 ●	ハ	バイケイソウ………………221 ●
	ツルアジサイ………………46 ●		ハイメドハギ………………19 ●
	ツルアリドオシ……………262 ●		ハウチワカエデ……………182 ●
	ツルウメモドキ……………17 ●		ハエドクソウ………………234 ●
	ツルシキミ…………………95 ●		ハクサンシャクナゲ………139 ●
	ツルツゲ……………………88 ●		ハッカ………………………192 ●
	ツルボ………………………190 ●		ハナタデ……………………219 ●
			ハナヒリノキ………………148 ●
ト	トウグミ……………………82 ●		バライチゴ…………………272 ●
	トガクシコゴメグサ………153 ●		ハンショウヅル……………269 ●
	トチノキ……………………91 ●		
	トチバニンジン……………161 ●	ヒ	ヒオウギアヤメ……………199 ●
	トモエソウ…………………248 ●		ヒトツバカエデ……………174 ●
	トリアシショウマ…………36 ●		ヒトツボクロ………………62 ●
	トンボソウ…………………222 ●		ヒメアオキ…………………94 ●
			ヒメキンミズヒキ…………37 ●
ナ	ナガミノツルケマン………290 ●		ヒメザゼンソウ……………275 ●
	ナギナタコウジュ…………104 ●		ヒメジソ……………………112 ●
	ナツノハナワラビ…………252 ●		ヒメシロネ…………………237 ●
	ナワシロイチゴ……………69 ●		ヒメナミキ…………………236 ●
			ヒメハギ……………………26 ●
ニ	ニガクサ……………………283 ●		ヒメヘビイチゴ……………231 ●
	ニガナ………………………41 ●		ヒメヨモギ…………………123 ●
	ニシキギ……………………235 ●		ヒヨドリバナ………………45 ●
	ニリンソウ…………………243 ●		ヒロハノツリバナ…………87 ●
			ヒロハハナヤスリ…………109 ●
ヌ	ヌスビトハギ………………34 ●		
	ヌマトラノオ………………32 ●		

295

フ	フクオウソウ…………154	
	フジ………………263	
	フタリシズカ…………217	
	ブナ………………116	
ヘ	ベニバナヤマシャクヤク…268	
ホ	ホウチャクソウ………218	
	ホオノキ……………99	
	ホソバトウゲシバ………98	
	ホソバノキソチドリ…170	
	ホソバノキリンソウ…254	
	ホソバノツルリンドウ…66	
	ボタンヅル……………61	
マ	マタタビ………………83	
	ママコノシリヌグイ……63	
	マンネンスギ…………147	
ミ	ミズオトギリ…………276	
	ミズキ………………253	
	ミズタマソウ…………198	
	ミゾソバ………………206	
	ミツガシワ……………230	
	ミツバアケビ…………31	
	ミツバウツギ…………225	
	ミネカエデ……………184	
	ミヤマイボタ…………77	
	ミヤマウグイスカグラ…205	
	ミヤマスミレ…………119	
	ミヤマタニタデ………133	
	ミヤマニガウリ………238	
	ミヤママタタビ………120	
ム	ムラサキケマン…………245	

	ムラサキシキブ…………44	
メ	メギ………………226	
	メドハギ……………18	
モ	モミジイチゴ……………51	
ヤ	ヤチアザミ……………200	
	ヤハズソウ……………20	
	ヤブヘビイチゴ…………246	
	ヤブマメ……………54	
	ヤマエンゴサク…………128	
	ヤマグワ………………250	
	ヤマクワガタ…………131	
	ヤマトキソウ…………168	
	ヤマナシ………………58	
	ヤマハッカ……………213	
	ヤマブキ………………158	
	ヤマボウシ……………165	
	ヤマモミジ……………173	
	ヤマユリ………………278	
ユ	ユキツバキ……………162	
ヨ	ヨシ………………188	
リ	リョウブ……………76	
ル	ルイヨウボタン…………126	
ワ	ワサビ………………224	
	ワニグチソウ……………25	

あとがき

　花が開くまで何回も登山道を登り、観察を続けた植物たち。例えばハクサンシャクナゲは、前年に芽生えた葉芽や花芽が少しずつふくらんで、春には葉が展開し、初夏、12 個の花が開きました。小さな芽のどこに、この生命力が潜んでいたのでしょう。植物は不思議に満ちています。

　植物の観察、識別には迷うことがあります。例えばヤマクワガタは、果実の基部が平らに近く、最初はクワガタソウと識別しました。しかし、生育場所や、茎は地に伏し、根をおろして広がり、開出毛がある等からヤマクワガタにも見えました。翌年も何回か観察に登ると、7 月中旬、なんと、どの果実も基部は広いくさび形で菱形状の扇形になっていました。クワガタソウの基部がやや切形で 3 角状扇形であることとは確かに違います。これでヤマクワガタと識別しました。このように植物の観察はまさに仮説検証の過程をたどります。疑問が生まれ、疑問を仮説として調べて検証し、結論が出る。しかし結論が定まっても新たな疑問と仮説がわき、追究が必要となります。

　植物の生育を探求していくと、植物と昆虫や鳥、動物たちとの密接な関係、植物をとり巻く生態系のバランス、その繊細さと絶妙さ、奥深さにも目を向けざるをえません。以前は登山道に生育していた植物が、今では生育していないことがあります。この本でたどった登山道の植物が、それぞれの地に生育し続けていってほしい、命をつないでいってほしいと願っています。

　この本を手にしてくださった方にとって、本書が何かのお役に立てれば幸いです。

　最後になりますが、刊行にあたり、同定から情報にいたるまで、いつも懇切丁寧に教えていただいた中村千賀さんには心から感謝申し上げます。

２０１８年５月

主な参考文献

『改訂新版 日本の野生植物 1・2・3・4・5』

　　（大橋広好　門田祐一　木原浩　邑田仁　米倉浩司 編　平凡社 2015年・2016年・2017年）

『日本の野生植物 草本 I II III』

　　（佐竹義輔　大井次三郎　北村四郎　亘理俊次　冨成忠夫 編　平凡社 2006年）

『日本の野生植物 木本 I II』

　　（佐竹義輔　原寛　亘理俊次　冨成忠男 編　平凡社 2010年 2012年）

『新牧野日本植物圖鑑』

　　（牧野富太郎 原著　大橋広好・邑田仁・岩槻邦男 編　北隆館 2008年）

『長野県植物誌』

　　（清水建美 監修　長野県植物誌編纂委員会 編　信濃毎日新聞社 1997年）

『花実でわかる樹木』

　　（馬場多久男 著　信濃毎日新聞社 2009年）

『原色野草観察検索図鑑』

　　（長田武正 著　保育社 1999年）

『維管束植物分類表』

　　（邑田仁 監修　米倉浩司 著　北隆館 2013年）

『カエデ識別ハンドブック』

　　（猪狩貴史 著　文一総合出版 2012年）

市川伸人 [いちかわ のぶと]
　　　元教員　森林インストラクター　長野県植物研究会会員
　　　長野県自然保護レンジャー
　　　著書『飯縄山登山道 植物ふしぎウオッチング』

市川美智子 [いちかわ みちこ]
　　　保育士　長野県植物研究会会員　長野県自然保護レンジャー
　　　著書『飯縄山登山道 植物ふしぎウオッチング』

　　写真 ● 市川伸人　美智子

　　植物図 ● 市川美智子

　　編集 ● 菊池正則

ブックデザイン ● 石坂淳子

飯縄山登山道　植物ふしぎウオッチングⅡ

2018年5月28日　初版発行

著　者　　市川伸人　市川美智子
発　行　　信濃毎日新聞社
　　　　　〒380-8546　長野市南県町657
　　　　　電話　026-236-3377
　　　　　ホームページ　https://shop.shinmai.co.jp/books/
印刷所　　信毎書籍印刷株式会社
製本所　　株式会社渋谷文泉閣

Ⓒ Nobuto Ichikawa & Michiko Ichikawa 2018 Printed in japan
ISBN　978-4-7840-7327-6 C0040
落丁・乱丁本はお取替えします。
定価はカバーに表示してあります。

本書のコピー、スキャン、デジタル化等の無断複製は著作権法上での例外を除き禁じられています。本書を代行業者等
の第三者に依頼してスキャンやデジタル化することはたとえ個人や家庭内の利用でも著作権法違反です。